淡水高效生态养殖技术丛书

南美白对虾
高效生态养殖技术

◎ 冯亚明　顾海龙　杨智景　编著

U0272318

中国农业科学技术出版社

图书在版编目（CIP）数据

南美白对虾高效生态养殖技术／冯亚明，顾海龙，杨智景编著.—北京：中国农业科学技术出版社，2018.1

ISBN 978-7-5116-3444-3

Ⅰ.①南… Ⅱ.①冯…②顾…③杨… Ⅲ.①对虾养殖–生态养殖 Ⅳ.①S968.22

中国版本图书馆 CIP 数据核字（2017）第 321185 号

责任编辑	闫庆健
文字加工	杜　洪
责任校对	马广洋

出 版 者	中国农业科学技术出版社
	北京市中关村南大街 12 号　邮编：100081
电　　话	(010)82106632(编辑室)　(010)82109702(发行部)
	(010)82109709(读者服务部)
传　　真	(010)82106625
网　　址	http://www.castp.cn
经 销 者	各地新华书店
印 刷 者	北京昌联印刷有限公司
开　　本	850mm×1 168mm　1/32
印　　张	6.75　彩插 8 面
字　　数	162 千字
版　　次	2018 年 1 月第 1 版　2018 年 1 月第 1 次印刷
定　　价	20.00 元

◢◤◢◤◢◤ 版权所有·翻印必究 ▶▶▶

内容提要

　　本书共分六章。分别介绍了淡水主要经济虾类南美白对虾的养殖概况、生物学特性、饲料营养搭配、成虾的不同健康养殖方式及健康养殖模式的饲养管理措施、人工繁殖、苗种培育、苗种及商品虾的运输、生态防病、抗生素替代品的使用、常见病害诊断与治疗等方面的关键技术要点及其难点，并对养殖生产中存在的难点进行了针对性的解答和阐述，以便读者在淡水主要经济虾类的健康养殖生产中，联系本地实际，针对注意问题及关键技术不断提高健康养殖技术水平或有所创新，从而保证养殖水产品的质量安全。

　　本书内容实用，可操作性强，可供广大农村水产养殖户、水产养殖生产者在从事经济虾类健康养殖时参照应用，也可供大中专学生、水产技术人员在学习、指导及研究时作为参考资料。

目 录

第一章　南美白对虾概述

　　南美白对虾，又称凡纳滨对虾，俗称白肢虾或白对虾，拉丁名为 *Penaeus vannamei*，曾翻译为万氏对虾。南美白对虾原产于南美洲太平洋沿岸的暖水水域，在厄瓜多尔、巴拿马、哥伦比亚、秘鲁、智利、尼加拉瓜等国沿海都有分布，其肉质细嫩，肉味鲜美，为南美洲主要养殖虾类。南美白对虾具有易运输、成活率高、生长快、产量高等优势，且对盐度的适应范围广泛，在海水、咸淡水及淡水中均可成活生长。南美白对虾在世界对虾养殖业中也占有重要位置，与中国对虾、班节对虾并列为当前世界上养殖面积最大、产量最高的三大经济虾类。作为世界三大高产养殖虾种之一，南美白对虾于20世纪80年代末由中国科学院海洋研究所张伟权教授首次引进，现在已经成为中国主要的养殖虾类品种，为水产养殖行业带来巨大的经济效益。南美白对虾外形酷似中国对虾、墨吉对虾。

　　南美白对虾属杂食性物种，食性广，在不同的生长发育阶段，摄食的种类和成分也不完全相同。在自然海区，浮游生活的幼体，主要摄食藻类等植物性饵料，变态发育至仔虾时，可摄食多种动物、植物作为饵料；在人工养殖的环境中，南美白对虾幼体，可投喂轮虫、卤虫、蛋黄和人工配合饲料进行培育，仔虾及成虾可投喂小杂鱼、贝类及人工配合饲料

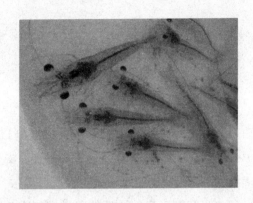

进行养殖。

南美白对虾对环境的适应能力较强，能在 13～40℃的水域环境中存活，当水温低于 16℃出现明显停食现象，低于 13℃，出现个体死亡，其最适生长温度为 20～30℃。南美白对虾对盐度的适应范围较广，能在 2‰～34‰盐度的范围内存活，最适生长盐度为 10‰～20‰，可采用逐渐淡化的方式实现完全淡水养殖。

南美白对虾适宜生长在弱碱性水体中，适宜生长 pH 值为 7.5～8.5，当 pH 值低于 7 时生长受到抑制；适宜生长的溶解氧浓度为 6～8 毫克/升，在粗养的池塘中，溶解氧应保持 4 毫克/升，当养殖池溶解氧低于 2 毫克/升时会出现浮头甚至死亡的现象。此外，南美白对虾对养殖水体中非离子态氨、重金属、农药等较为敏感。

此外，南美白对虾抗病能力显著优于斑节对虾、中国对虾等虾类，已经成为主要的海水养殖虾类品种。目前，用海水养殖南美白对虾，一般每亩（1 亩≈667 平方米，全书同）

产量在1 000千克以上，纯利润在3 000~10 000元。经过淡化，在纯淡水池塘进行养殖，经过90天左右的饲养，成虾体长达到12厘米，每千克约80头，亩（1亩≈667平方米。下同）产可达500~1 000千克，发病少，养殖成功率高。

第一节　南美白对虾的养殖概况

一、养殖背景

在南美白对虾引进中国之前，我国对虾养殖呈现南北分庭抗礼之势。北方以中国对虾养殖为主，南方则以养殖斑节对虾为主，对虾养殖业的发展曾为我国水产养殖业带来巨大的经济效益，极大地带动了沿海地区经济的发展，促进了育苗、饵料生产、捕捞运输、冷藏加工等相关产业链的发展。对虾养殖业是我国海水养殖的支柱性产业，我国对虾养殖面积、产量长期占据世界首位。1988—1992年，年产量达到20万吨，年产值将近百亿元。但是，进入20世纪90年代后，对虾白斑病毒（White spot syndrome virus，WSSV）开始大规模爆发，中国对虾及斑节对虾出现大面积死亡现象，感染对虾白斑病毒后，一个池塘内的对虾往往在很短的时间内就会全部死光，养殖户损失惨重，养殖成功率仅在10%~20%之间。由于当时的条件限制，从事水产养殖的工作人员也找不出应对此病毒的有效措施，整个对虾养殖行业受到重挫。为了挽救对虾养殖产业，科研工作人员一方面刻苦研究对虾病毒，找寻破解之法；另一方面寻找新的对虾养殖品种，促进行业复苏。在此时，南美白对虾的出现，让整个行业看到了新希望。

自 1988 年，张伟权教授从美国夏威夷引进南美白对虾，经过数年的不懈努力，终于在 1992 年取得了南美白对虾人工繁殖的初步成功。南美白对虾凭借出色的抗病能力，特别是抗白斑病毒能力，再加上其产量高、价格高、成本低、出口顺等优势迅速得到了大多数养殖户的青睐。南方地区率先开始南美白对虾的养殖，养殖过程中发现白斑病毒对南美白对虾的影响甚微，最多有个别"偷死"显现发生，南美白对虾的养殖成功率远远高于中国对虾和斑节对虾。中国对虾养殖在我国从此衰落，只有野生中国对虾仍生活在黄渤海区域，已经很难见到人工养殖中国对虾。斑节对虾在中国南方的养殖规模也日益缩减。南美白对虾为热带虾类品种，对温度要求较高，最适生长温度为 22～35℃，我国对虾养殖区也逐渐转变为以南方为重心，再加上我国南方的气候条件十分适宜南美白对虾的养殖，促使其成为全球南美白对虾最大的生产基地。

二、养殖生物学特点

南美白对虾的生长速度在对虾类中属上等的，比中国对虾、日本对虾快。在盐度 20～40、水温 30～32℃，不投食的情况下，从虾苗开始到收获为止的 180 天内平均每尾对虾的体重可达 40 克，体长由 1 厘米左右增加到 14 厘米以上。自然海域内头胸甲长度达到 4 厘米左右时，便有怀卵的个体出现。在池养条件下卵巢则不易成熟。一般雌虾成熟需要 12 月以上。平均寿命至少可以超过 32 个月。

南美白对虾的养殖生物学特点如下。

（1）繁殖周期长，可以周年进行苗种生产；

（2）营养要求低，饵料中蛋白质的含量 20%时，即可满足其正常的生长需求，饵料系数 1.5 左右；

（3）南美白对虾生活力强、适应性广，盐度适应范围 0~45‰、温度适应范围 11~36℃、生长适温 23~32℃、pH 值适应范围 7.3~8.6、溶氧阈值为 1.2 毫克/升，是集约化高产养殖的优良品种；适应性和抗病能力强；

（4）生长迅速、产量高、规格整齐，可以进行高密度养殖，成活率一般在 70%以上；经过 3 个月的养殖，半精养产量达 200~300 千克/亩，精养产量可达 500~1 000 千克/亩；

（5）离水存活时间长，因而可以活虾销售，商品虾起捕价高于其他对虾；肉质鲜美，既可活虾销售，又可加工出口，加工出肉率达 65%以上；

（6）南美白对虾不仅适合沿海地区养殖，也适合内陆地区淡水养殖。

三、国内外养殖现状

● 1. 国外发展现状 ●

南美白对虾的养殖始于 20 世纪 70 年代初期，南美白对虾原产于太平洋西岸的南美洲沿岸，养殖区域主要集中在南美洲各国，从秘鲁到墨西哥沿海地区常年水温较高的海域均有分布。南美白对虾的繁殖周期较长，在厄瓜多尔北部沿海地区每年3月份即有大量虾苗涌现，一直持续到9月，繁殖周期延续时间达7~8个月。厄瓜多尔利用捕获的野生虾苗进行养殖，由于其天然虾苗很多，构成了养殖虾苗的主要来源。在养殖初期苗种并不是问题，这就为厄瓜多尔养殖南美白对虾提供了天然的有利条件。但可能由于洋流和天然资源定期变动的缘故，天然虾苗每隔四年会出现一次匮乏。再加上南美白对虾生长快、食性杂、适应性强等特点，学者们一致认为它是极具有养殖潜力的品种，并引起了对其进行苗种繁育的兴趣。

Edwards等人研究发现南美白对虾成虾在近海成熟产卵，当后期幼虾体长长至6毫米时开始进入河口和半咸水区，稚虾和小虾在盐度为28‰的海岸小湖中出现最多，待长至100~170毫米时再次洄游入海。研究还发现南美白对虾的成长与底泥的成分息息相关，含有有机物高的底泥有利于生长。这些研究发现都为后来的南美白对虾种苗繁育工作打下了扎实的基础。

20世纪70年代末，美国研究学者在墨西哥湾一处半封闭的海域内发现有一个南美白对虾种群，这一种群很少与其他种群交叉混合，疾病问题并不突出，认定该种群极适合人工养殖，经过采集和优选出一部分天然种虾，运回德克萨斯州进一步进行种苗繁育工作的研究。美国的科技人员先后完成了南美白对虾繁殖、育苗和高密度养殖生产中的科研攻关，至此南美白对虾产业在中南美洲得到了空前的大发展。

20世纪80年代，世界各地虾类养殖发展迅速，养殖面积和产量均呈现倍数增长。但与此同时，由于虾种种质不稳定、退化和高密度养殖模式，虾类疾病在全世界横行，一时间致使养虾成为了高危行业。自1985年首例南美白对虾肠腺坏死症确认后，在美国及中南美洲等养殖区域频频发生类似病例。美国德克萨斯州种苗繁育中心生产的虾苗输送至美国及中南美洲各地时，致使携带病菌或病毒的南美白对虾蔓延开来，一发不可收拾。白斑病毒、桃拉病毒也相继出现，在秘鲁造成一半以上的养殖场停产甚至倒闭。

在此之后，美国率先提出无特定病原（Specific pathogen free，SPF）虾苗，并委托美国夏威夷海洋研究所负责承担SPF虾苗的研究和生产。至1991年夏威夷海洋研究所开始对外提供SPF虾苗和亲虾，尽管每年提供的产量不高，但在成虾的养殖过程中却取得了不错的效果，SPF虾苗产量比非SPF虾苗产量提高了30%以上。1996年后美国又提出，运用人工育种方法，筛选出高品质、对特定病原有较强抵抗能力的种苗，即抗特定病原（Specific pathogen Resistance，SPR）。20年已经过去了，SPR的研究在实现生产性的应用方面，可能还需要一段较长的时期。

● 2. 国内发展现状 ●

我国于1988年7月由中国科学院海洋研究所张伟权教授从美洲引进南美白对虾，1992年8月人工繁殖获得成功，1994年人工育苗和批量生产获得成功。自1992年中国对虾暴发性流行病发生后，南美白对虾在我国沿海地区的养殖蓬勃发展，先后推广到江苏、浙江、广东、广西、山东等省区。因南美白对虾属于广盐性虾类，可以进行逐步淡化养殖，近年来内陆地区对其淡化养殖日渐发展，1998年以来已在北京等北方内陆地区淡化养殖获得成功，其在养殖过程中显示出的生长速度快、耐粗饲性强等优点更受到养殖者的青睐。

我国台湾对南美白对虾引进也较早，最早于1985年由巴拿马引进虾苗，经3年培育，尾产卵量达4.5万粒以上，最高达12万粒，自然交尾成功率15.8%，精荚移植成功率达25%。但当时我国台湾地区草虾养殖业发达，南美白对虾未引起养殖者的重视，1987年草虾养殖受病害影响一蹶不振后，方掀起南美白对虾的养殖热潮。

1988年，中国科学院海洋研究所从美国夏威夷将南美白对虾引入我国，同年开始进行南美白对虾的人工繁殖试验，最初3年，南美白对虾的自然交尾率仅为1.5%，每尾虾平均怀卵量只有4.5万粒，培育成仔虾的成活率仅有25%。1992年，自然交尾率提高到7.5%，尾平均怀卵量最高达12.5万粒，人工繁育获得初步成功，培育仔虾的成活率提高到40%。1994年通过人工繁育获得一小部分的虾苗，到1995年已可批量生产虾苗，南美白对虾的养殖已有一定的规模。

1996年广西壮族自治区（以下简称广西）北海市银海区水产发展总公司"南美白对虾引种繁养试验"通过了验收鉴定。1999年，深圳天俊实业股份有限公司与美国三高海洋生物技术公司合作，将美国SPF南美白对虾种虾和繁育技术引进并成功培育出了SPF南美白对虾苗。2000年，南美白对虾繁殖场主要集中在广东、海南等沿海地区。2001年后，南美白对虾育苗场如雨后春笋般出现在沿海地区，致使虾苗价格从400~600元/万尾滑落至200元/万尾，至2002年，苗价仅

60~100 元/万尾。

近年来，中国养殖南美白对虾的产量出现下滑趋势，通过往年的产量数据观察分析可发现，中国南美白对虾的养殖产量涨跌的步伐与世界养殖总产量基本保持一致。中国南美白对虾的产量分布表现为华南地区养殖产量下滑，华东地区如江苏、上海、浙江等地基本持平，华北地区则有增长的现象。

2009 年，早期偷死综合征（EMS）首次在中国海南出现，EMS 疫病的病原尚未确定。之后的 2012 年，整个华南地区甚至江浙的南美白对虾养殖区均出现了大量病害，包括肝脏疾病、空肠空胃、白便、肠炎和早期偷死综合征等，疾病的大规模爆发困扰着广大的南美白对虾养殖户们，同时对整个南美白对虾产业链造成了重大影响。2013 年，EMS 在全球蔓延扩散开来。而国内养殖市场更是受到重创，特别是华南地区南美白对虾养殖除了遭受疾病的困扰，还受连续阴雨天气、暴雨、台风等自然灾害的影响，养殖成功率不足 10%。在这样的大背景下，国内南美白对虾的价格较往年都要高。市场的刺激下，使部分养殖户铤而走险，大量使用抗菌药物、抗生素来治疗，无法通过药物检验的南美白对虾由出口转变为内销。药物的滥用对生态环境、病菌的耐药性、苗种抗病能力甚至食用者身体健康等产生了严重的影响。

第二节　南美白对虾养殖中存在的问题和发展前景

一、存在问题

结合近几年国内养殖和产业链的现状，从养殖技术、种业、种苗、产业生物技术及应用和产业资本、人力资源等几个方面进行分别阐述。

（1）根据国内养殖技术现状分析，现在对虾养殖技术的进步速度赶不上病害与环境的变化，同时缺乏对技术的系统认识和应用，对水质、气候和对虾的生长之间的逻辑、规律认识也存在严重不足。整体来讲，现在对虾养殖的基础理论研究还很薄弱，这也是目前对虾养殖的全球性的问题。

（2）根据国内种业体系现状分析，中国优质种虾来源依然依赖进口，2013 年中国进口种虾 18 万~19 万对，但集中度越来越高，比较突出的还是 SIS、KonaBay 和 CP 这 3 家公司，其他种源公司无论从研发能力还是销量相比差距都比较大。而且，中国进口种虾的公司由过去的 40 多家已缩减为 20 多家。目前中国有 1 万多家对虾种苗公司，但 90%以上的种苗公司对种虾的引进缺乏专业分析。6 年前中国种虾进口来源基本被一个代理商垄断，现在很多种苗公司自己尝试走出去，直接面对种虾公司，但在选择种虾上还是凭感觉和跟风。其实即使大家公认较好的 SIS 种虾，也存在质量差异。SIS 有 3 个种虾基地，分别在迈阿密、夏威夷和新加坡。有些种苗公司凭感觉认为 SIS 本土的也就是迈阿密的种虾比较好，但实际上迈阿密种虾的表现是不一致的。2011 年表现很好，2012 年则在 SIS 的整个种虾体系中表现最差。其余两处的种虾质量，夏威夷的表现居中，反而新加坡的种虾表现最为稳定。

（3）根据国内种苗现状分析，现在很多养殖户喜欢通过种虾来判断苗种的好坏，这并不十分准确。苗种的好坏取决于种虾基因的同时，也跟整个育苗体系相关（如水处理系统和生物饵料培育），仅仅看种虾外观是否漂亮是不够的，也看不出来的。种虾幼体生产技术粗放，90%以上的种苗公司缺乏独立的、并具备严格的生物防控体系的种虾幼体生产场，以及专业的种虾团队。衡量团队技术水平，往往单从每一对种虾所产的幼体数量来评价。把种苗做出来不叫水平，做出来的种苗能够让养殖户养好才叫有水平，这也是苗企应该有的良心和担当。目前，一代苗的市场占有率在快速上升，已成为养殖主导。过去大家认为珠三角地区不适合养一代苗，但从同样也是淡水养虾的长三角地区来看，近两年赚钱比例较高的原因，在很大程度是因为养殖户非常追求一代苗。过去华南地区是福建用的苗最差，现在是珠三角地区，因为低成功率让养殖户走入误区——反正也养不成功了，不如买便宜的苗，还能少亏一点。育苗场对基础设施的投入普遍不足，主要体现在水处理系统上。行业一般水处理的投入仅占育苗场硬件总投入的10%左右，实际好的育苗场的水处理系统的投入应占硬件投入的30%以上，而绝大部分的育苗场则留更多的钱来建育苗池。此类型的育苗场由于缺乏良好的水处理，育苗场在育苗的过程中常常先用活菌或抗生素来打底做好水再放幼体，如此育出来的苗往往容易弧菌超标或虾苗免疫能力低。种苗场与饲料厂的经营理念基本一致，重营销不重技术。在国外考察中发现，外企很少营销人员，所以他们的营销成本很低，更多地投入转向技术研发。也只有技术上的进步，才能推动行业的进步，但我们同行却把更多的钱花在了营销上。

　　（4）根据国内产业生物技术和应用现状分析，占行业

80%以上的生物产品不具备专业的生产技术和专业设备，基本上以小企业为主；而且一些生物制品缺乏行业标准，市面产品鱼目混珠；养殖从业者普遍对生物制品缺乏专业的认识，只看效果；采购产品缺乏相应的技术指导和服务，大多数产品的使用与功效未能得到很好的发挥。

（5）根据国内产业资本和人力资源现状分析，在养殖和种苗环节，行业基本以个体的小资本为主，缺乏大资本的投入和长远的规划；即使有极少数大资本的投入，基本都以经营失败而告终，这是行业缺乏大资本介入的根本。养殖一线的技术人员严重缺乏；行业"脏、苦、累"的特点，很难吸引大量优秀的人才投身于养殖行业，这是行业进步较慢的根本。

二、发展前景

南美白对虾主要在东太平洋沿岸有自然分布，我国沿海地区并没有南美白对虾的自然种群，不能提供人工繁殖所需的高质量的自然种虾。目前南美白对虾主要由海外进口，有数以千万计的美元外流，亲虾的数量和质量都受制于外人，有的商人甚至冒充 SPF 南美白对虾进入国内市场。国内部分繁育场为了降低成本，增加市场竞争能力，没有作长远规划和总揽全局的观念，对苗种质量对防治虾病这一系统工程的作用的认识不足，育苗生产仍处于非正常状态。

要从根本上解决目前国内南美白对虾生产遇到的问题，必须严禁亲虾及虾苗的走私，并在国内建立优质的 SPF 全人工对虾繁育基地，且必须完善以下几个方面的建设。

● 1. 以技术为本，走专业化之路 ●

从专业的角度出发，重新对产业的各大环节做专业岗位的细分；加大对技术与研发的投入，产业应走强技术弱营销之路；加大专业设备以及专业设施的投入与应用；加大对产业人才的引进和培养。

● 2. 加快种苗生产技术体系建设 ●

优秀种苗企业生产技术体系的建设应包括：独立的种苗技术研究机构；独立的并具严格生物防控的种虾及幼体生产场和专业的团队；具备良好的水处理系统的育苗生产场；专业的饵料生物生产、研究及团队；独立的专业检测机构及团队；规范的养殖验证基地。

（1）南美白对虾良种选育将有新的进展。南美白对虾亲虾种质是阻碍我国对虾养殖业发展的主要瓶颈之一。美国通过控种技术，每次提供给我们的亲本只是2个家系杂交的子一代，可以满足短期养殖的需要，但不具备进一步选育的遗传资源，因此用传统育种方法是不可能选育出良种的。

近期，我国还要继续从国外进口南美白对虾亲虾，而且会增加进口数量。但是依赖从国外进口亲虾不是解决亲虾来源的长远办法，只有选育出自主品牌的良种才是根本办法。需要强调的是，育种是一项长期、复杂而且技术要求高的工作，需要大量的工作积累。没有长期的积累和坚实的基础，要求短期内就培育出若干个新品种是不切实际的，急功近利对育种工作有害无益。虾苗企业要支持选育工作，试用审定过的新品种，共同提高新品种的质量，最终打破依赖进口亲虾的被动局面。

（2）争取涌现一批"育繁推一体化"现代种业企业。现代种业发展趋势是育繁推一体化，即良种的选育、扩繁和推广形成科学、完整的体系，提高核心竞争力和市场占有率。现在已有一些繁育苗种基础设施较完善、可控性强、具有育种能力、又有推广育种成果的能力、市场占有率较高、经营规模较大的种业企业，具备育繁推一体化现代种业企业条件，政府应评定一批现代水产种业示范企业，树立榜样，引领水产种业发展。

（3）虾农对一代虾苗的需求量将会大幅度增长。近几年由于虾病的暴发，土苗长速慢、死亡率高，给虾农造成巨大的经济损失，虾农开始转向养殖一代苗，对一代苗的需求量将会大幅度增加。有些苗场因生产二代虾苗、土苗亏损，也转向生产一代苗，适应市场需求。

（4）南苗北飞，虾苗流通空前活跃。随着北方兴起南美白对虾的养殖热，海南、湛江大批虾苗销往北方，一些大型苗企到北方开设分场或与当地苗场联营生产虾苗。北方的养虾热促进了南方虾苗生产的持续发展。

● 3. 以生物技术解决南美白对虾健康问题 ●

以生物养生物，以生物克生物，此乃自然之道，是解决养殖病害的根本路径；加大生物技术的研发与转化的投入，重点在人才的培养和专业设备的引进上；加大跨界的学习与转化应用，加快水产业的生物技术的发展；加大应用的培训和应用服务，确保效果的体现。

●4. 设施化养虾●

大自然的气候永远是变化无常的，设施化养殖是实现养殖环境的稳定性与可控性的最好路径，可降低养殖风险。而且稳定可控的产业方可吸纳大资本，推动产业的变革和发展。

在南海水产研究所、广东海洋大学、河南农业大学等科研单位提供技术支持下，中山市进行了南美白对虾工厂化循环水养殖试验。此试验对传统鱼塘的生产布局、养殖比例、品种结构、操作管理等进行改造和重组，使水流动起来，达到养殖废水逐级净化和水资源循环利用的目的。整个模式在生产过程中实现了废水零排放，无病害发生，实现了生态高效的生产效果，使养殖品种的品质优化，获得较高的经济价值、生态效益和社会效益。

●5. 数据化养殖●

在"互联网+"普及的时代大背景下，将养殖业与互联网相结合，开始一场从传统养殖向信息化、精确化养殖的变革。而大数据的应用前提正是规模化养殖。具备足够大的规模后，才能积累一定量的数据，充分发挥智能设备的作用。大数据的应用基础是采集数据，通过管理、饲喂、水质监测、疫病监测等信息的采集，让大数据为养殖者提供管理决策的依据。大数据的应用关键还在于综合分析，通过采集的数据，完成生产过程的动态监测管理，达到高产、优质、高效之目的。

强化建立行业数据化的意识；依靠数据化记录或表达，会更科学更准确；数据化分析是解决问题和寻找规律的最佳路径之一。

第二章　南美白对虾生理生态特征

第一节　南美白对虾的生态习性

一、形态特征

南美白对虾（*Penaeus vannamei*），又称白肢虾（white-legshrimp）、白对虾（whiteshrimp），以前翻译为万氏对虾。在分类地位上，南美白对虾（Penaeus vannamei Boone，1931）隶属于节肢动物门（Arthropoda）、甲壳纲（Crustacea）、十足目（Decapoda）、游泳亚目（Natantia）、对虾科（Penaeidae）、对虾属（*Penaeus*）、*Litopenaeus* 亚属。

南美白对虾体梭形，修长，左右略侧扁，体表包被一层略透明的、具保护作用的几丁质甲壳，一般情况下体色为淡青灰色，不具斑纹。其体色随环境的变化而变化。对虾体色变化是由表皮下的色素细胞调节，色素细胞扩大则体色变浓，缩小则变浅。其主要色素由胡萝卜素与蛋白质互相结合而构成。遇到高温或与无机酸、酒精等相遇时，蛋白质沉淀而析出虾红素或虾青素。虾红素熔点较高，为240℃，因此对虾用水煮熟后，其色素细胞破坏，但虾红素不起变化，使得煮熟的对虾呈红色。

南美白对虾身体分头胸部及腹部两部分。头胸部较短，由头部 6 个体节及胸部 8 个体节相互愈合而成，外被一整块坚硬的大型甲壳，称为头胸甲。南美白对虾头胸甲前段中部向前突出形成额剑（额角），上下缘具齿。到胃额剑两侧有一对能活动的眼柄，其上着生由数个小眼组成的复眼，可向上、下及两侧转动，单眼水平视野 200°，故虾体不需活动既可观察到周围的情况。头胸甲表面有许多尖锐突起的刺、隆起的脊以及凹陷的沟等，这些表面结构在各种对虾之间变化很大，可用来区分不同的种类。头胸甲除第一节具一对大的复眼外，每节具一对附肢，并由所司功能各异而转化为触角、大鄂、小鄂、鄂足及步足等。

　　腹部发达，由 7 个体节组成，外被甲壳，但各节甲壳相互分离而由薄层的关节膜相连，因此，下腹部可自由伸屈。腹部体节由前向后依次变小，最后一节呈棱锥形，未端尖，称为尾节。尾节腹面基部为肛门开口。除尾节不着生附肢外，南美白对虾腹部每节都具有一对附肢，称为游泳足，为主要的游泳器官。虾第六附肢宽大，与尾节合称尾扇，司游泳及弹跳功能。

　　南美白对虾除最后一节外，每一体节都生着一对附肢，附肢由着生位置不同与执行功能的不同而有不同的形式。如头部五对附肢中第一附肢（小触角），原肢节较长，端部又分内外触鞭，主要司嗅觉、平衡及身体前端触觉；第二附肢（大触角），外肢节发达，内肢解具一极细长的触鞭，主要司身体两侧及身体后部的触觉；第三附肢（大颚）特别坚硬，边缘齿形，是咀嚼器官，可切碎食物；第四附肢（第一小颚）

呈薄片状，是抱握食物以免失落的器官；第五附肢（第二小颚）外肢发达，可助扇动鳃腔水流，是帮助呼吸的器官。胸部八对附肢，包括 3 对颚足及五对步足，颚足基部具鳃的构造，助虾呼吸；步足未端呈钳状或爪状，为虾摄食及爬行器官（图 2-1）。

正常体色为浅青灰色

甲壳较薄，全身不具斑纹

步足常呈白垩状

平均寿命至少超过32个月

成体最长可达24cm

图 2-1　南美白对虾特征

二、生理特征

南美白对虾的内部构造包括肌肉系统、呼吸系统、消化系统、排泄系统、生殖系统、神经系统、内分泌系统等，其中大部分组织器官都集中于头胸部。

● 1. 肌肉系统 ●

南美白对虾的肌肉分为躯干肌、附肢肌以及内部器官脏器中的肌肉，主要为横纹肌。肌肉由一组或数组肌肉群共同组成。虾腹部的肌肉最发达，是我们主要的食用部位。虾的腹缩肌强大有力，几乎占据整个腹部，其迅速收缩可使尾部快速向腹部弯曲，整个虾体迅速有力地向后弹跳，这是虾逃避敌害与猎捕食物等活动的主要动作。

● 2. 呼吸系统 ●

南美白对虾的呼吸器官是鳃。根据着生位置不同，鳃可分为侧鳃、关节鳃和足鳃3种。侧鳃直接生在身体左右侧壁上，关节鳃生在胸肢基节与身体相连的关节膜上，足鳃生在颚足或步足的基节上。

对虾的鳃为枝状鳃，由中央的鳃轴与两侧的鳃瓣组成（图2-2）。鳃轴中有入鳃血管和出鳃血管。当鳃与水相接触时，通过鳃丝与血管，吸收水中氧气，排出二氧化碳，然后通过循环系统将氧气输送到体内各种组织器官，供生命活动。

图 2-2 南美白对虾鳃示意图

●3. 消化系统●

南美白对虾的消化系统由消化道及消化腺组成。

消化道包括口、食道、胃、中肠、直肠和肛门。口位于头部腹面，后连短管状的食道，然后接胃，胃具有磨碎食物的作用，胃后连着中肠，中肠未端为短而较粗的直肠，直肠末端为肛门，肛门开口于尾节腹面，中肠为消化吸收营养的主要部位。虾的肠管细长，贯穿虾的腹部背面，甲壳下方肌肉的上方。

消化腺为一大型致密腺体，位于头胸部中央。消化腺的主要功能为分泌消化酶和吸收、贮存营养物质。

●4. 循环系统●

南美白对虾的循环系统属开管系统，由心脏、动脉、血窦、血液等组成。心脏位于头胸部近后端消化腺的背后侧，呈多边形，外壁结实，致密，内具空腔，4 对心孔。从甲壳外即可看到其跳动。由心脏向前发出前侧动脉一对，并有分支动脉通向头胸部各组织、器官，向后发出背动脉进入腹部并分支通向各组织器官，在背动脉由心脏发出处有一下行的胸腹动脉通向腹面，并分支出胸下动脉和腹下动脉。每条动脉又分出许多小血管，分布到虾体全身，最后到达各组织间的血窦。

血窦是静脉系统，为大的组织间隙，收集由组织流回的血液，汇合后输回心脏，参加再次循环。血窦主要有心脏外面的围心窦、胸部的胸血窦、腹部的腹血窦以及组织间的小血窦等。

虾的血液由血细胞和血浆组成。血细胞体积占总血量的1%以下。血细胞分为透明细胞、半透明细胞、颗粒细胞3类，有吞噬血液中异物及凝血等功能。血浆为血液的主要部分。携带氧气的血蓝素存在于血浆中。

对虾的循环过程为：心脏跳动使血液从心脏中流出，沿动脉及分支血管流向各器官、组织，由器官、组织而来的血液经组织间隙和小血窦集中于胸血窦，然后进入鳃中进行气体交换，再由鳃中流出，经围心窦流回心脏参加下次循环。

循环系统担负着输送养料与氧气、二氧化碳及代谢废物的作用（图2-3）。

● 5. 排 泄 系 统 ●

南美白对虾的排泄器官是位于大触角基部的触觉腺，由一个囊状腺体、一个膀胱和一条排泄管组成，承担着排泄虾体废物的功能。

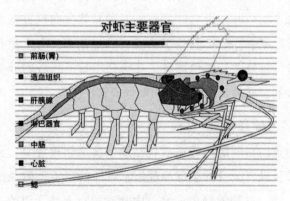

图2-3　南美白对虾内部结构示意图

●6. 生殖系统●

南美白对虾雌雄异体。雌性生殖系统包括 1 对卵巢、输卵管和纳精囊。卵巢位于躯体背部、头胸部后部，向前发出 1 对前叶，向腹面发出 6 对侧叶，覆盖在肝胰脏背方，向后发出 1 对长的后叶进入腹部，沿着肠背面向后延伸至肛门附近。输卵管 1 对，由第五对侧叶末端发出，下行并开口于位于第三对步足基部的生殖孔。雌虾的外生殖器官为纳精囊，用来在交配时存放精荚。纳精囊为甲壳绉褶形成，位于第四、五对步足基部之间腹面甲壳上。纳精囊分为两类，一为封闭式纳精囊，有甲壳形成的囊，呈中间有狭缝的圆盘状或袋状；另一类为开放式纳精囊，甲壳不形成囊状结构，而仅有突起及绉褶，交配后精荚粘附在其上。

雄性生殖系统包括 1 对精囊、输精管和精荚囊，精巢位置与卵巢位置相同，精巢位于头胸部后部，有 1 对前叶、6 对侧叶和 1 对后叶。由后叶发出 1 对输精管，向后方弯曲后下行接于贮精囊。贮精囊位于第五对步足基部，有生殖孔开口于体外。雄虾的外生殖器官主要包括由第一腹肢内肢变化来的交接器，此外，第二腹肢内肢形成雄性附肢。

●7. 神经系统●

南美白对虾的神经系统包括脑、食道侧神经节、食道下神经节及纵贯全身的腹部神经索，对虾的感觉反射及指挥全身的运动。对虾的脑由前脑、中脑、后脑 3 部分组成，位于两眼基部后方。由后脑向后发出一神经组成围咽神经环环绕食道，围咽神经环在食道后方与咽下神经节相连并由咽下神经节向后发出腹神经索。腹神经索由胸部向后延伸，在每一体节形成一神经节。脑及各神经节上发出许多分枝神经进入附肢、眼、胃、肝胰脏等组织、器官中。

虾的感觉器官主要有眼、化学感受器及触觉器等。两只大而具柄的复眼由许多小眼组成，具感光功能。体表生有各种有感觉功能的刚毛、绒毛等主管触觉，第一触角基部的平衡囊可感觉身体的平衡。触角鞭、口器及螯足等具有感受化学刺激的功能。

●8. 内分泌系统●

南美白对虾的内分泌系统由神经内分泌系统和非神经内分泌系统组成，前者由神经内分泌细胞组成。对虾的内分泌系统可分泌各种激素并释放入血液中，作用于各种靶器官促进虾体生长、性腺成熟及协调全身的各种反应等。重要的神经内分泌器官之一是 X-器官。X-器官位于对虾眼柄中，主要功能为调节对虾蜕皮活动及性腺成熟等生理活动。非神经内分泌器官是一些腺体组织，分泌激素等物质参与各特定的生理过程，如 Y-器官可分泌蜕皮激素，促进对虾蜕皮，其活动受 X-器官分泌物调控（图 2-4）。

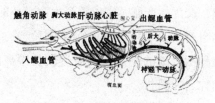

图 2-4　南美白对虾模式图

（摘自腾氏传媒网）

三、生活史

南美白对虾在其生命周期内要经历复杂的变态发育，在其生活史的各个阶段都有独特的生活方式和对环境的选择和适应。南美白对虾的生活史包括受精卵、胚胎发育、无节幼体、溞状幼体、糠虾幼体、仔虾、幼虾、成虾等阶段。

南美白对虾在自然海区长到成虾后，便离开浅水区，到离岸较远且比较深的海区生活，一般海水深度为 70 米左右，海水温度为 26~28℃，盐度为 34‰，在此发育为成熟的亲虾（种虾），然后交配、产卵。胚胎在卵膜内发育；受精卵孵化为幼体；无节幼体在水中营浮游生活，从溞状幼体、糠虾幼体发育至仔虾，均属于浮游性动物。

虾苗发育到仔虾后期，便结束浮游生活而转营底栖生活，并向河口、港湾等浅水海域游动，并定居于近岸浅水海域。近岸浅水区域的营养饲料较丰富，并且坡度、温度及各种环境因子变化都较大，有利于幼体的生长发育。再经过几个月的生长发育，就成为成虾，重新回到环境稳定的深水海域。性腺开始成熟，交配、产卵，完成整个生命交替的循环。

对虾在其自身生长、成熟的各个不同阶段，会选择不同的栖息地。这种栖息地的改变大多通过较长距离的移动和迁徙完成，我们称之为洄游。

虾的洄游有生长时期的洄游、越冬洄游以及生殖洄游几种类型。生长时期的洄游是指虾类在生长过程中的不同阶段变更栖息地的洄游，如南美白对虾的幼体及仔虾自产卵场向

育成场的移动，以及在近海、河口地区繁殖。有时动物随其
饵料生物的移动而发生的洄游又称索饵洄游。越冬洄游是指
随温度降低，动物向深水区温度较高的越冬场的移动。通常
温带种类多有此类洄游。生殖洄游是指成熟个体向产卵场移
动的洄游（图2-5）。

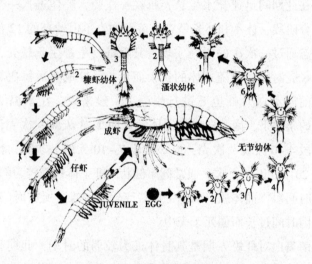

图2-5　南美白对虾生活史

四、蜕壳和生长

　　南美白对虾生长速度较快，但在不同地区，不同水域生
长速度有所不同。其生长受水体温度、水质、饵料等因素影
响较大。从海区自然种群捕到的最大个体可达100克左右。
据报道，人工养殖的南美白对虾在适温条件下，两个月即可
由1厘米的虾苗养至10~12厘米长的成虾。

南美白对虾终生都伴随着蜕壳而生长，蜕壳与南美白对虾的幼体发育、成虾生长以及繁殖都有着直接的关系。南美白对虾的几丁质外壳是肌体与内脏器官的重要保护层，但因其不可伸缩性，会阻碍虾的生长，故每隔一段时间，南美白对虾都要蜕一次壳，即蜕掉旧壳，长出大一些的新壳。虾体组织在此期间迅速充水生长，每蜕一次壳，虾体进入一个新的发育阶段，体重和体长就有显著增加。不但幼虾的 12 次发育变态通过一次次的蜕壳实现，其后虾终生都生长蜕壳，只不过蜕壳时间间隙随虾体的长大而延长。性成熟后每次繁殖产卵前南美白对虾也要进行蜕壳。一般来说，在水温 25 ~ 30℃的条件下，南美白对虾幼体发育期 2 ~ 3 天蜕一次壳，幼虾阶段 4 ~ 6 天蜕一次壳，成虾阶段 7 ~ 10 天蜕一次壳，性成熟后 20 ~ 30 天蜕一次。通常健康健壮的虾个体蜕壳较为顺利，所用时间短，而体质弱的虾个体蜕壳较为困难，所需时间长，甚至因时间过长而僵死于壳中。

　　南美白对虾蜕壳期是其身体最为较弱的时期，此期间虾不进食且肌体缺乏保护，容易受敌害残食。人工养殖时，在此期间要注意加强管理以确保成活率。钙和磷是虾类蜕壳生长的限制因素，一旦缺乏则不能顺利地蜕壳生长。据研究，虾在蜕壳过程中要失去身体中 90% 的钙，必须从食物和生活环境中重新吸收，故在南美白对虾整个养殖过程中应注意饲料营养均衡，并有充足的钙质，也可视情况适当定期在水体中施用生石灰，以增加水体钙质，利于虾的蜕壳并能起到杀菌消毒作用。磷在水体中一般不会缺乏，只要饵料营养均衡，不需另外添加。

南美白对虾蜕皮多发生在夜间。临近蜕皮的虾活动频率加快，蜕皮时甲壳膨松，腹部向胸部折叠，反复屈伸。随着身体的剧烈弹动，头胸甲向上翻起，身体屈曲自壳中蜕出，然后继续弹动身体，将尾部与附肢自旧壳中抽出。刚蜕壳的虾活动能力弱，有时会侧卧水底，幼体及仔虾蜕壳后可正常游动。

虾一生要经过多次蜕壳。在幼体阶段，随着蜕皮，动物的形态结构不断变化，由简单而复杂，直至发育完善，因此，幼体阶段的蜕皮又称为发育蜕皮或变态蜕皮。形态发育完善的幼虾除交接器的变化外，蜕皮时已无形态上的变化，其后的蜕皮又称为生长蜕皮。在交配期雌性个体的在交接前要先行蜕皮，以便在新壳硬化之前进行交配，此次蜕皮又称生殖蜕皮。蜕皮除与生长、变态有关，还可通过蜕皮蜕掉甲壳上的附着物和寄生虫，可使残肢再生。

甲壳对于南美白对虾不仅具有保护作用，但也会限制南美白对虾体积的增长，对虾生长必须要进行蜕壳，每蜕一次壳，体积产生一次飞跃地增长。但是也必须认清生长与蜕壳的因果关系：蜕壳是生长的结果，而不是蜕壳引起生长。对虾生长是营养物质积累与同化的结果，在蜕壳间期，对虾大量摄食，进行营养物质的积累与同化，体内营养物质增加，体液减少，蜕壳之后，对虾迅速吸收水分，增大体积，产生一次体积的飞跃增大。据有关实验证实，对虾在营养不良时，即使蜕了壳也不增长，甚至还会抑制增长。因此，主张用物理或化学（各类蜕壳素）方法促进对虾蜕壳，以便达到促进对虾生长的目的是不可行的。对虾蜕壳不仅要增加虾体的消耗，对不成熟的退蜕，往往会造成对虾的死亡。

五、栖息习性

南美白对虾属温、热带虾类，喜栖息于沿海近岸，浅海湾和江河入口咸淡水地区。刚孵出的仔虾营浮游生活，于近河口的内湾浅水中觅食。长成后喜栖息饵料丰富，光线较弱的水体中下层，夜间活动较白天活跃。虾静伏在水中，靠步足支撑身体，同时游泳足缓缓摆动，虾在水层中游泳时步足弯向胸部，靠游泳足频繁划水使身体前进，受惊或遇敌害时则以腹部的连续屈伸向后弹跳逃避。

● 1. 温度 ●

南美白对虾对温度的适应范围较广，能在水温 10~40℃ 水域中生存，适宜水温为 20~35℃，生长最适水温为 25~32℃，最低致死温度 7℃，最高致死温度 43.5℃。正常情况下，南美白对虾耐受高温能力较强，对低温表现敏感，低于 18℃ 不喜摄食，生长缓慢。

● 2. 盐度 ●

南美白对虾对盐度的适应范围广泛，海水、咸淡水以及经淡化后在纯淡水中均可能成活生长。自然条件下，其在盐度 28‰~34‰ 的自然海水中生长繁殖。当前我国沿海一些养殖场可进行其在海水中的人工繁殖虾苗，并加以逐步淡化，其在淡水中养殖的生长率并不低于在海水区域中的。

● 3. 底质 ●

塘底是南美白对虾主要活动区域，坚持定期使用微生物制剂和底改剂改良底质。毒素积累、缺氧、亚硝酸盐、寄生虫（纤毛虫）感染等指标超标、硫化氢产生，都与底质改良不善有关。要做好定期改底的保底措施，如减少或停料和下底改剂。每天坚持巡塘，白天观察虾塘环境变化，晚上观察塘内虾吃料、活动情况。养殖中后期，如果出现塘底底质发臭或水体发黑的情况，用双氧水或强氧化型底改剂结合换水处理，可有效解决水质或底质恶化引发的问题。

● 4. 食性 ●

南美白对虾食性广，属杂食性种类。在其不同的生长发育阶段，其食物的种类和组成不尽相同。在自然海区中营浮游生活的幼体，食物组成中植物性饵料比率较高，变态成成虾后，可摄食各种动、植性饵料。在人工饲养的条件下，可对幼体投喂轮虫、卤虫、蛋黄或人工配合饲料；成虾投喂鲜鱼贝类或人工配合饲料。据报道，南美白对虾的耐粗饲性较强，对配合饲料中的动物性蛋白质水平要求不高，配合饲料中的高价动物性蛋白质原料添加量可适当降低，使用低价的植物性蛋白原料，以降低饲料成本。南美白对虾对饲料中蛋白质的水平要求亦不高，25%即可。

南美白对虾的摄食强度在不同的生活阶段，有较大差异，也受水温、水质等条件的影响。在自然条件下，6—9月摄食最旺盛，生长最迅速，交配时摄食强度较低，交尾后逐渐强烈，蜕壳前后摄食较弱，越冬期摄食强度不高，夜间摄食强度高于白天；在养殖条件下，水温适宜，水质好的情况下摄食强度大，否则下降甚至停食。

●5. 溶解氧●

溶解氧的高低对于对虾的生长有着重要影响，直接影响对虾的摄食和生长。溶解氧是保证对虾正常生长和健康生长的必需物质，同时对调节水环境中众多物质的氧化分解起着主导作用，是改良水质和底质的必需物质。对虾养殖过程中，底层水溶解氧不应低于 3 毫克/升，最好保持在 5 毫克/升以上，水中溶解氧不足可使对虾运动能力下降，食欲减退，饵料系数增大，体质下降，疾病增多；同时溶解氧不足会促进池水中氨氮、亚硝酸盐、硫化氢等有害物质的产生，并加大其毒性，严重时可造成对虾大量死亡。所以溶解氧的监测和调控是对虾养殖管理的中心环节。

南美白对虾对水质要求较高，尤其要求溶氧充足。在水体溶氧 3.5 毫克/升以上情况下，其活动正常，生长较快；当水体溶氧 2 毫克/升以下时，则出现呼吸困难；当水体溶氧降低至 0.7~0.4 毫克/升以下，则出现窒息死亡。人工养殖期间水体溶解氧高于 5 毫克/升，对生长更有利。

●6. 酸碱度（pH 值）●

pH 值不但影响着养殖动物，还影响着水体里各种化学物质、藻类和菌类，是溶氧之外的另一个重要指标。做好 pH 值的调节，让对虾在舒适的 pH 值范围内生活，是高产稳产的必要条件之一。虾池水质的 pH 值一般要求在 7.8~8.6 之间，不高于 9.1。但 pH 值也不是一个固定的数值，它在一天之间，是在有规律地变化着，了解这个变化规律，才能更好地进行调控。在一天中，受植物和藻类的光合作用与呼吸作用的影响，随着日照强度的增加，光合作用的结果，水中二氧化碳含量减少，pH 值持续增高，在午后达到最高。相应地，随着夜晚的降临，光合作用停止，呼吸作用使水体二氧化碳持续增加，pH 值开始下降，在日出前达到最低。正常情况下，一天内 pH 值的变化在 1~2 之间。一般情况下，早上 pH 值如果 6.5 以下，那就代表塘口 pH 值偏低。午后 pH 值，如果大于 pH 值 9，也可能是正常的，但是午后若达不到 pH 值 7.5，就说明 pH 值太低了。同时还需要关注的是 pH 值的变化幅度。如果日波动小于 pH 值 0.5，也是不正常的，说明水质过于清瘦，要进行培菌、施肥。

六、繁殖习性

● 1. 繁殖期和繁殖特点 ●

南美白对虾的繁殖期较长，怀卵亲虾在主要分布区周年可见，但不同分布区的亲体其繁殖时期的先后并不完全一致。例如厄瓜多尔北部沿海的繁殖高峰一般在 4—9 月。每年 3 月开始，虾苗便在沿岸一带大量出现，延续时间可长达 8 个月左右，分布范围有时可延展到南部的圣·帕勃罗湾，这一时期是当地虾苗捕捞的黄金季节，而南方的秘鲁中部一带沿海，繁殖高峰一般在 12 月至翌年 4 月。

南美白对虾属于开放性纳精囊类型，其繁殖特点与闭锁性纳精囊类型者差别很大，因此产卵前数小时雌雄交配，育苗生产必须养殖相当数量的雄虾。

开放型的繁殖顺序是：蜕皮（雌体）→成熟→交配（受精）产卵→孵化。

闭锁型，如中国对虾为：蜕皮（雌体）→交配→成熟→产卵（受精）→孵化。

●2. 交配●

南美白对虾交配一般都在日落之后至子夜时分。通常发生在雌虾产卵前几个小时或者十几个小时，大多数在产卵前2小时内。交配前的成熟雌虾并不需要蜕皮。交配过程中先出现求偶行为，雄虾尾随雌虾，游到雌体下方作同步游泳，继而雄虾翻转身体与雌虾相拥，雌雄个体腹面相对，头尾相叩，但偶尔也见到头尾颠倒的，同时以交接器将精荚粘贴到雌体第3~5对步足间的位置上。如果交配不成，雄虾会立即转身，并重复上述动作。

雄虾也可以追逐卵巢并未成熟的雌虾，但是只有成熟者才能接受交配行为。

新鲜的精荚在海水内具有较强的黏性，因此交配过程中很容易将它们粘贴在雌虾身上。但养殖条件下自然交配成功的机率仍然很低。

●3. 产卵●

南美白对虾成熟卵巢的颜色为红色，但产出的卵粒为豆绿色。头胸部卵巢的分叶呈簇状分布，仅头大而呈弯指状，其后叶自心脏位置的前方出发，紧贴胃壁，向前侧方向延伸；腹部的卵巢一般较小，宽带状，充分成熟时也不会向身体两侧下垂。体长 14 厘米左右的对虾，其怀卵量一般只有 10~15 万粒。

南美白对虾与其他对虾一样，卵巢产空后可再次成熟。每两次产卵间隔的时间为 2~3 天（繁殖初期仅 50 小时左右），产卵次数高者可达十几次，但连续 3~4 次产卵后要伴随 1 次蜕皮。

亲虾产卵都在 21：00 至黎明 3：00 之间。每次从产卵开始到卵巢排空为止的时间仅需 1~2 分钟。

该对虾雄性精荚也可以反复形成，但成熟期较长，从前 1 枚精荚排出到后 1 枚精荚完全成熟一般需要 20 天。但摘除单侧眼柄后精荚的发育速度会明显加快。

黑暗（50 勒克斯以内）和低温（20℃ 以下）能有效地抑制卵巢的发育，特别是卵巢的发育正处于第Ⅲ期以前的更是如此。

未经交配的雌虾，只要卵巢已经成熟，也可以正常产卵，但所产卵粒不能孵化（图 2-6）。

图 2-6 受精精夹（摘自水产资料大全网）

●4. 形态发育●

南美白对虾受精卵的直径约 0.28 毫米。在水温 28~31℃、盐度 29‰条件下，从受精开始到孵化为止只需 12 小时。南美白对虾胚胎发育分 6 期，即细胞分裂期、桑葚期、裹旺期、原肠期、胚芽期和膜内无节幼体期。

南美白对虾孵化出的幼体要经复杂的变态发育才能变成与成体相似的幼虾。南美白对虾刚孵出的幼体为第 I 期无节幼体，经 6 次蜕皮后成为第 I 期溞状幼体。溞状幼体蜕皮 3 次后进入糠虾期，再经 3 次蜕皮而变态成为仔虾。上述变态过程需要经历 12 次蜕皮，历时约 12 天。幼体在发育过程中每蜕皮一次，变态一次。随着蜕皮变态其形态构造愈来愈完善，其生活习性也发生相应变化。

（1）无节幼体。幼体卵圆形、倒梨形，具三对附肢，为游泳器官，体不分节，具尾叉，幼体不摄食，卵黄营养，营浮游生活，一般分为六期。后期无节幼体出现其他附肢雏芽，体节增加，有时又称后无节幼体。对虾类的初孵幼体为无节幼体（图 2-7）。

图 2-7　无节幼体

（2）溞状幼体。体分为头胸部与腹部。分节明显，出现复眼，颚足双肢型为运动器官，后期尾肢生出，形成尾扇。溞状幼体亦为浮游生活，开始摄食，多为滤食性，后期始具捕食能力（图2-8）。

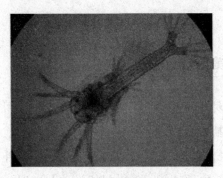

图2-8　溞状幼体

（3）糠虾幼体。腹部发达，出现腹肢、胸肢双肢型，营浮游生活，捕食能力强。

（4）后期幼体（仔虾）。又称十足幼体，即最末一期幼体，具全部体节与附肢，外形基本与成体相似。此时生活习性发生改变，南美白对虾放弃浮游习性，转入底栖生活，经一次或数次蜕皮变为幼虾。南美白对虾的后期幼体称仔虾。

第二节　南美白对虾的营养与饲料

营养的一种重要含义是指食物的营养成分，或称为营养素，它分为6大类：蛋白质、脂类化合物、碳水化合物、维生素、矿物质和水。水是非常重要的营养素，但容易获得，尤其是对水产动物来说，水作为营养素，既不会缺乏，又不会过量，水对南美白对虾的重要性，关键在于水是生存环境。

饲料是对虾健康养殖的物质基础，直接关系到对虾养殖的成败。饲料就是动物的食物，对虾饲料主要是指为养殖对虾提供的经过加工的食物，如配合饲料、豆饼粕、花生饼粕等。

一、南美白对虾的营养需求

南美白对虾的营养是指南美白对虾吸收利用营养成分的过程，它包括摄食食物，消化分解、吸收营养成分，合成自身所需要的物质，满足自身机体组织更新和修补，维持身体健康和正常的生理功能，提供机体运动和生理活动所需要的能量。

对虾在海洋中摄取的食物一般不称为饲料，人工培育或天然的活的生物，如单胞藻、轮虫、卤虫、养虾池中移植和培养的蜾蠃蜚、沙蚕及其他小型底栖动物也不称为饲料，而多叫作饵料。习惯上，有时也把饲料叫作饵料，投喂配合饲料称作投饵，微粒饲料称微型饵料等。营养与饲料学中的饲料一词，多指人工配合饲料。

南美白对虾饲料的特点：

（1）饲料形状必须为颗粒状，颗粒表面光滑、无裂纹、粒状大小均匀，粉末少，不含杂质，不能有霉味，不含抗生素。

（2）水中稳定性好，要求在水中稳定 2~3 小时不溶散，粉碎粒度要细，粉末粒度要全部通过 60 目筛。

（3）营养全面，蛋白质含量不低于40%，动物性蛋白要大于植物性蛋白；脂肪含量 3%~4%，粗纤维小于 4%，粗灰分小于 15%，水分小于 12.5%，钙磷比在 1∶1.7 左右。

（4）具有新鲜芳香的鱼腥味，无怪味，引诱性要强。

（5）饲料系数在 1~1.5。可用不同厂家的饲料进行对比试验，经 7~14 天后便可根据虾的生长确定饲料的优劣。

南美白对虾为变温动物，无需能量维持体温，生活于水中，仅需少量能量维持平衡与体重，故耗能较少。南美白对虾对糖类利用较差，原因是消化道的淀粉消化酶活性较低；对虾胰岛素分泌量很少，饲料中可消化糖类不能超过 26%。对虾的饲料中要求有 n-3 系列的高度不饱和脂肪酸。对虾肠道内能合成维生素的细菌较少，饲料中需添加较多量的多种维生素。对虾饲料需要甲壳素，但对多数种类的无机盐需求量较低。

与鱼的饲料相比，对虾饲料的水稳定性要求高，鱼为吞食，饲料 20 分钟不溶散即可，对虾是抱食，饲料不溶散时间最好大于 2 小时。对虾饲料的蛋白质含量一般比多数鱼类饲料高，诱食性要强。对虾饲料的颗粒要求是沉降性的。

●1. 对蛋白质的需求●

蛋白质是生命的物质基础，生命就是蛋白质不断变化、更新和积累的过程。

同其他动物一样，对虾不能利用其他物质合成蛋白质，所需蛋白质必须从摄食饲料中获得。如果饲料中的蛋白质含量较低，对虾从食物摄取的能量不满足其需要，对虾就不能获得足够的蛋白质，对虾生长减慢，甚至停止。

蛋白质对于对虾有以下生理功能：

（1）提供自身生长所需蛋白质。对虾身体构成80%为水分，所剩物质中的80%为蛋白质。肌肉、血液、皮肤、生殖细胞，甚至其甲壳也含有蛋白质或其衍生物。

（2）进行机体组织的更新和修补。机体内的蛋白质并非一成不变的，每时都有不同组织的蛋白质参与各种生理活动，不断的分解与合成，不断地补充更替，不断地修复与代替损伤组织、死亡细胞。

（3）提供机体活动的能量。多数情况是由于对虾对氨基酸的需要比例与饲料的氨基酸比例不同，使饲料的氨基酸有剩余，被氧化分解，为对虾提供能量。

（4）构成生理活动调节物质。几乎所有的酶都是蛋白质或其衍生物，许多激素也是蛋白类物质。

蛋白质的生理作用可用公式表示：$P = Pm + Pe + Pg$

式中：P—表示摄取的蛋白质；Pm—表示用于维持和修复身体所需的蛋白质；Pe—表示用于能量消耗的蛋白质；Pg—表示用于生长的蛋白质。

对于单个的对虾，在一定的生长阶段和环境下，Pm值是基本恒定的：在蛋白质的量不超过对虾的需要量时，Pe只与蛋白质的质量有关，即其氨基酸组成是否符合对虾的需要，因此，P必须达到一定量，才能满足Pg达到较大值或最大值。如P较小，仅能满足其Pm的需要，对虾则无生长。当Pg达最大时，P再增加则Pe增加，就会浪费蛋白质。

必需氨基酸是对虾自身不能合成的而需要从饲料中摄取获得的氨基酸。对虾的必需氨基酸有10种：苏氨酸、缬氨酸、异亮氯酸、亮氨酸、赖氨酸、蛋氨酸、苯丙氨酸、色氨酸、精氨酸和组氨酸。其他为非必需氨基酸。非必需氨基酸并非不重要，只是对其种类及含量没有严格限定，饲料中非必需氨基酸占总氨基酸量之60%即可。

蛋白质是由多种氨基酸构成的。由于各种原料中的氨基酸组成不尽相同，在某一种原料中缺乏的氨基酸可能在另一种原料中含量丰富。当饲料蛋白质中某一种或某几种氨基酸缺乏或不足时，则使合成对虾机体组织蛋白质受到限制。如果将各种原料按合适的比例混合使用，其蛋白质可起到相互补充的作用，即各种原料白质中的氨基酸可以取长补短，最后成为一种更适合对虾机体吸收利用的较为完美的配合饲料，从而起到提高蛋白质利用率的作用，这就称为蛋白质的互补作用。

因此，饲料中必需氨基酸的比例，一定要符合对虾的营养需要，也就是与对虾标准饲料的必需氨基酸比例一致，达到氨基酸平衡。氨基酸不平衡的饲料，其蛋白质的营养价值较低。

由于对虾对自由氨基酸吸收快，而食物中蛋白分解为氨基酸速度慢，自由氨基酸又不能保存较长的时间，在饲料中直接添加某种氨基酸，一般不能取得较好的效果。通过将氨基酸与其他物质结合，延缓其吸收，或利用连续投喂使后一次饲料中的自由氨基酸参与前一次蛋白质氨基酸的合成，可以改善添加效果。

对虾对蛋白质需求量一般为35%。因生长阶段、饲料配方、养殖条件的不同有很大变化，变化幅度30%~60%。在当前虾病流行严重，危害较大时，用高质量、高蛋白饲料养虾，一般效果较好。在水质、池塘条件差，对虾的最大生长值较小的情况下，对蛋白质的需求量较低，如用高蛋白饲料喂虾可能造成蛋白质浪费，养虾费用提高，效益不佳。

对虾必需氨基酸需要量与蛋白质含量有关，等于必需氨基酸在蛋白质中的含量与蛋白质含量的乘积。对虾饲料必需氨基酸在蛋白质中的适宜含量为蛋氨酸 2.2%~2.5%；苏氨酸 3.6%；缬氨酸 4.3%~4.7%；异亮氨酸 3.6%~3.7%；亮氨酸 6.0%~6.5%；苯丙氨酸 3%~3.3%；赖氨酸 6.2%~6.4%；色氨酸 0.7%~1.2%；组氨酸 1.6%~1.8%；精氨酸 6.9%~8.2%。

● **2. 对糖类的需求** ●

糖又称碳水化合物，是在自然界分布极为广泛的一类有机化合物，在多数植物体中，含量可达干重的 80%，动物体内糖含量较低，主要集中在肝脏和肌肉组织中。糖是食物中最廉价的能源，使用保存极为方便，养殖生产中希望用最大量的糖代替脂肪提供能量，用尽可能多的糖和脂肪以节约蛋白质。然而，由于对虾消化道的淀粉消化酶活性较低，对虾对糖的利用率较低，因此，虾饲料中糖的含量不宜超过 26%。对虾对不同种类的糖的利用率依次为：糊精>蔗糖>淀粉>乳糖>葡萄糖。

糖按其结构可分为 3 大类：

（1）单糖。葡萄糖和果糖等，不能再水解为更小的分子，是低聚糖和多糖的基本单元。

（2）低聚糖。由 2~6 个单糖分子构成，如蔗糖、麦芽糖、乳糖和纤维二糖等。

（3）多糖。由多个单糖分子聚合构成的高分子化合物。如淀粉、纤维素、糊精、果胶、糖元和甲壳素等。

壳多糖是对虾外皮的主要构成成分，有促进对虾生长的作用，而且也是对虾壳的构成物质。对虾饲料中壳多糖最多含量为0.5%，壳多糖通常由虾壳粉提供。

● 3. 对脂类的需求 ●

脂类是生物体内脂溶性化合物的总称，可分为脂肪、磷脂、胆固醇。脂类具有非常重要的作用。脂类是细胞膜的结构物质，脂肪能帮助脂溶性维生素的吸收、运输和储存。一些高度不饱和脂肪酸（HUFA）是对虾生长发育所必需的，称必需脂肪酸。类脂质是合成激素和维生素的原料。

脂类可分为中性脂肪和类脂质两大类，中性脂肪由甘油与三分子脂肪酸组成，脂肪酸分饱和脂肪酸和不饱和脂肪酸，含两个以上双键的脂肪酸为高度不饱和酸，根据双键的位置可分为n-3系列与n-6系列，对虾主要需要n-3系列不饱和脂肪酸。类脂质主要有蜡、磷脂、糖脂和固醇。蜡常用来喷涂在饲料表面，以提高水稳定性，磷脂是细胞膜系统的构成成分，磷脂还参与神经活动，帮助脂类食物乳化分解和吸收，固醇是维生素D的前体，是合成多种激素的原料。

一般认为对虾的饲料脂肪含量为4%~8%，而以6%为佳。对虾的必需脂肪酸为亚麻酸（十八碳三烯酸）和DHA（二十六碳六烯酸），添加量两者和为1%，对虾也需要n-6系列脂肪酸，以添亚油酸1%效果较好。对虾可部分合成磷脂。但生长较快时不能满足要求，可在饲料中添加不超过1%的磷脂。对虾合成胆固醇的能力较低，需要依靠饲料提供，添加量为 0.5%~2%，但以 1%为常用量。

添加脂肪类物质，不仅应注意其使用量，更应关注其质量，氧化酸败的脂肪不得用于对虾饲料。加工和储存时必须避免脂肪氧化。

● 4. 对维生素的需求 ●

维生素是一类需要量很少，对虾自身不能合成，对其代谢活动具有重要作用的低分子有机化合物，可分为两大类：脂溶性维生素 A、D、E、K 和水溶性维生素 B_1、B_2、B_3、B_5、B_6、B_{12}、C、叶酸和生物素共 13 种。

维生素 A，又称视黄醇、抗干眼病因子。有维生素 A_1 和维生素 A_2 两种。维生素 A_1 存在于哺乳动物和海水鱼肝脏中，维生素 A_2 在淡水鱼肝脏中。植物不含维生素 A，但类胡萝卜素可在动物体内转化为维生素 A。其作用是促进黏多糖的合成和参与构成视觉感光物质。1 国际单位（IU）相当于 0.3 微克维生素 A。

维生素 D 又称钙化醇，有维生素 D_2 和维生素 D_3 两种，可由固醇经紫外线照射而转变为维生素 D_2 和维生素 D_3，作用是调节钙磷代谢。1IU 相当 0.025 微克维生素 D。

维生素 E 又称生育酚，是细胞的抗氧化剂，1IU 相当 1 毫克维生素 E 醋酸酯的活力。

维生素 K 称凝血因子，参与凝血作用。

维生素 B_1 称硫胺素，是脱羧酶和转羟乙醛酶的辅酶，参与糖代谢。

维生素 B_2 又名核黄素，参与氧化还原反应，起到递氢的作用。

维生素 B_3 称泛酸、遍多酸，参与构成辅酶 A，辅酶 A 是酰化酶的辅酶。

维生素 B_5 包括烟酸（尼克酸）和烟酰胺（尼克酰胺）两种物质，又称维生素 PP 和抗癞皮病因子。烟酸可转变为烟酰胺，烟酰胺构成辅酶 I 和辅酶 II，参与氧化还原反应。

维生素 B_6 称吡哆素，有 3 种形式，参与蛋白质合成。

叶酸又称抗贫血因子，参与遗传物质合成及氨基酸代谢。

生物酸是羧化酶的辅酶。

维生素 B_{12} 又称钴维素，是多种含钴化合物的总称，参与一碳基团的代谢。

维生素 C 又称抗坏血酸，具有极为广泛的生理作用；合成胶原和黏多糖；使氧化型谷光甘肽转变为还原型；作为还原剂参与体内氧化还原反应；叶酸活化、酪氨酸代谢及肠道对铁的吸收等。

● 5. 对矿物质的需求 ●

对虾及其他动物体内发现的元素已知有 26 种，分 3 大类：碳、氢、氧、氮为大量元素；钙、磷、镁、钠、钾、氯、硫为常量矿物元素；铁、铜、锰、锌、钴、碘、硒、镍、钼、氟、铝、钒、硅、锡、铬为微量矿物元素。通常称矿物元素是指微量矿物元素，其作用是构成骨胳、甲壳等硬组织；构成某些软组织，如铁在血红蛋白中，碘构成甲状腺素；酶的辅基及激活剂；维持体内电解质平衡及渗透压平衡；维持神经及肌肉正常的敏感性。

对虾对矿物质有一定的需求量，部分种类或某些种类一定的数量可以直接从水中获得，其他必须由食物中获得。钙添加量以 1%，磷 20%，钙磷比以 1：1.7 为好。配合饲料一般不需添加镁。铜的适宜含量以 25~53 毫克/千克为好。钴在饲料中添加量在 50~75 毫克/千克时，对虾生长最快。碘的添加量为 30 毫克/千克。硒的添加量为 20 毫克/千克。

●6. 添加剂种类●

添加剂是指为了某种特殊需要（补充营养成分或提高饲料利用率和满足对虾生理活动）而在饲料加工、制作、使用过程中添加的少量或者微量物质，包括营养性添加剂和非营养性添加剂。

营养性添加剂有氨基酸、维生素和矿物质等，是主体营养成分的补充，因此有时不被作为添加剂，而称为补充物。

非营养性添加剂本身在饲料中不起营养作用，但具有刺激代谢、驱虫、防病等功能。也有部分是对饲料起保护作用的。

添加剂的特点：一是用量小，作用大；二是保存条件要求较高，如维生素类、酶类、激素类一般不太稳定，保存温度较低；三是成本较大，使用时要精打细算，严防浪费。

使用添加剂首先应注意用量的可靠性与安全性，很多添加剂是营养素，但过量则是毒物；不足又影响对虾生长，因此应掌握其原料中的需要量，严格控制添加剂量。其次应注意搅拌均匀，添加剂用量小，搅拌均匀极为不易，应尽量使用载体和稀释剂，作为添加剂预混料。最后，各种添加剂性质各不相同，使用时考虑相互之间的关系，避免因拮抗作用，降低其利用率，从而起不到应有作用；使用时应分别投入，一旦开封，尽量快用完，如有剩余，应密封低温保存。

●7. 影响饲料在水中稳定性的因素●

颗粒饲料的水中稳定性是指饲料入水浸泡一定时间后，保持组成成分不被溶解和不散失的性能。一般以单位时间内饲料在水中的散失量与饲料质量之比来表示，也可用饲料在水中不溃散的最少时间来表示。由于对虾抱食和摄食较慢的习性，要求食物在水中能保持较长的时间不溶散，避免营养成分的损失和对水质的污染，因此对虾饲料水中稳定性尤为重要。影响饲料水中稳定性的因素有：

（1）黏合性。黏合剂是配合饲料中起黏合成型作用的添加剂，可分为天然物质和化学合成两大类：天然物质按成分可分为糖类（淀粉、小麦粉、玉米粉等）和动物胶类（骨胶、皮胶、鱼浆等）；化学合成有羧甲基纤维素、聚丙烯酸钠。黏合剂具有价格低、用量少、来源广、无毒、使用方便，也不影响对虾的摄食、消化和吸收。在饲料生产过程中，添加适量的黏合剂可以提高饲料水中稳定性，黏合剂的黏合强度除与本身的性质有关外，还与饲料种类、加工条件等因素有关。脂质含量高的饲料黏合效果差，超过20%则难以黏合；含虾糠、麸皮多的饲料不易黏合；糖类、动物胶类黏合剂在80℃以上高温处理或干燥时，黏合效果好，羧甲基纤维素超过40℃则失去黏合性。鱼酱及鲜杂鱼、虾等黏合效果与其新鲜程度、是否冷冻有关，新鲜的好于冷冻品。

（2）粉碎粒度。粉碎细度对于对虾饲料颗粒水中稳定性影响很大，原料粉碎粒度过大，其相应的表面积减少，导致原料表面上的淀粉在制粒调制过程中不能完全糊化，影响黏结作用，浸水后水分易浸入饲料颗粒而发生溃散。一般鱼用配合饲料的原料经粉碎后应通过 40 目标准筛，60 目标准筛筛上物≤20%，而对虾饲料原料要求能通过 60 目标准筛。

（3）调质。饲料成型的关键在调质。调质是通过高温、高压的蒸汽作用于饲料，使淀粉糊化，蛋白质变性，增加其黏结性和可塑性，保证饲料结构细密，具有适当的硬度，水中稳定性好。为了起到调质的效果，除了掌握好调质时间、调质温度外，还应选用饱和蒸汽，并保持稳定、恒压，避免使用湿热蒸汽。对于粗蛋白≥30%的水产饲料，适宜的蒸汽压力为 0.3~0.4 兆帕，调质温度 80~95℃。

（4）环模。环模压缩比（深径/孔径）的大小对饲料水中稳定性也有一定影响，压缩比大的环模压制出来的饲料颗粒硬度大，结构紧，饲料耐水时间长，反之则短，正常环模压缩比为 14~17，对虾料为 17~20。

■ 二、饲料配方设计与加工

● 1. 配方设计 ●

配方设计是配合饲料质量优劣的关键，一种好的配合饲料，必须有一个好的配方。设计配方，首先根据对虾需要的营养，使对虾达到最佳生长所需蛋白质含量、氨基酸比例、糖及脂肪的使用量、以及维生素和矿物质的使用量；其次，应注意原料的营养成分及其特性，很多原料由于产地、品种以及生产工艺的差别，其营养素的含量是变化的，对虾对某些营养成分相近的不同原料有不同利用效率，必须考虑原料的可消化性能；最后，应注意饲料的价格，最佳的生长效果和最低的价格是配方设计的重要原则，但为保证较好的养殖效果，适当地提高饲料成本，或为适应实际生产的需要，适当地降低营养标准，都是必要的。

设计配方的方法有以下几种。

（1）试差法。根据营养标准、所选定的原料和一般经验，初步拟合出原料比例，计算各营养成分含量，与营养标准进行比较，再调整各种原料的比例，检查其成本价格。数次计算与调整，即可设计出基本符合要求的配方。该法适合多数临时的小规模小批量的饲料生产，实用性较强。

（2）代数法。正方形法和方块法原理与之相同。只考虑一种营养素的含量。如蛋白质。在实际应用中可将原料按蛋白质的含量高低分为两大类，并根据经验和生产实际，在各类原料之间初步拟合其各自比例，计算出每大类混合后的蛋白质含量，以每大类在饲料中使用量为两个未知数，设方程求解。

（3）计算机设计法。按照营养标准、原料特性、价格，各种原料最大及最小用量，按线性规划法求解。应用程序已输入计算机，按以上要求输入有关数据即可求得各种原料的用量，设计出饲料配方。

●2. 加工工艺流程●

加工配合饲料，简单地说，应经过以下过程：原料粉碎、配合、混合均匀、制粒、干燥、分装。具体细分如下：

（1）原料的粉碎。饲料粉碎的工艺流程是根据要求的粒度，饲料的品种等条件而定。按原料粉碎次数，可分为一次粉碎工艺和循环粉碎工艺或二次粉碎工艺。按与配料工序的组合形式可分为先配料后粉碎工艺与先粉碎后配料工艺。

①一次粉碎工艺：是最简单、最常用、最原始的一种粉碎工艺，无论是单一原料、混合原料，均经一次粉碎后即可。按使用粉碎机的台数可分为单机粉碎和并列粉碎，小型饲料加工厂大多采用单机粉碎，中型饲料加工厂有用两台或两台以上粉碎机并列使用，缺点是粒度不均匀，电耗较高。

②二次粉碎工艺：有3种工艺形式，即单一循环粉碎工艺、阶段粉碎工艺和组织粉碎工艺。

单一循环二次粉碎工艺：用一台粉碎机将物料粉碎后进行筛分，筛上物再回流到原来的粉碎机再次进行粉碎。

阶段二次粉碎工艺：该工艺的基本设置是采用两台筛片不同的粉碎机，两粉碎机上各设一道分级筛，将物料先经第一道筛筛理，符合粒度要求的筛下物直接进行混合机，筛上物进入第一台粉碎机，粉碎的物料再进入分级筛进行筛理。符合粒度要求的物料进入混合机，其余的筛上物进入第二台粉碎机粉碎，粉碎后进入混合机。

组合二次粉碎工艺：该工艺是在两次粉碎中采用不同类型的粉碎机，第一次采用对辊式粉碎机，经分级筛筛理后，筛下物进入混合机，筛上物进入锤片式粉碎机进行第二次粉碎。

③先配料后粉碎工艺：按饲料配方的设计先进行配料并进行混合，然后进入粉碎机进行粉碎。

④先粉碎后配料工艺：先将待粉料进行粉碎，分别进入配料仓，然后再进行配料和混合。

（2）配料工艺。目前常用的工艺流程有人工添加配料、容积式配料、一仓一秤配料、多仓数秤配料、多仓一秤配料等。

①人工添加配料：人工控制添加配料是用于小型饲料加工厂和饲料加工车间、这种配料工艺是将参加配料的各种组分由人工称量，然后由人工将称量过的物料倾到入混合机中，因为全部采用人工计量、人工配料、工艺极为简单，设备投资少、产品成本降低、计量灵活、精确、但人工的操作环境差、劳动强度大、劳动生产率很低，尤其是操作工人劳动较长的时间后，容易出差错。

②容积式配料：每只配料仓下面配置一台容积式配料器。

③多仓数秤配料：将所计量的物料按照其物理特性或称量范围分组，每组配上相应的计量装置。

（3）混合工艺。可分为分批混合和连续混合两种。

分批混合就是将各种混合组分根据配方的比例混合在一起，并将它们送入周期性工作的"批量混合机"分批地进行混合，这种混合方式改换配方比较方便，每批之间的相互混杂较少，是目前普遍应用的一种混合工艺，启闭操作比较频繁，因此大多采用自动程序控制。

连续混合工艺是将各种饲料组分同时分别地连续计量，并按比例配合成一股含有各种组分的料流，当这股料流进入连续混合机后，则连续混合而成一股均匀的料流，这种工艺的优点是可以连续地进行，容易与粉碎及制粒等连续操作的工序相衔接，生产时不需要频繁地操作，但是在换配方时，流量的调节比较麻烦而且在连续输送和连续混合设备中的物料残留较多，所以两批饲料之间的互混问题比较严重。

（4）制粒工艺。

①调质：是制粒过程中最重要的环节。调质的好坏直接决定着颗料饲料的质量。调质目的即将配合好的干粉料调质成为具有一定水分、一定湿度利于制粒的粉状饲料，目前我国饲料厂都是通过加入蒸汽来完成调质过程。

②制粒环模制粒：调质均匀的物料先通过保安磁铁去杂，然后被均匀地分布在压混和压模之间，这样物料由供料区压紧区进入挤压区，被压辊钳入模孔连续挤压开分，形成柱状的饲料，随着压模回转，被固定在压模外面的切刀切成颗料状饲料。

平模制粒：混合后的物料进入制粒系统，位于压粒系统上部的旋转分料器均匀地把物料撒布于压模表面，然后由旋转的压混将物料压入模孔并从底部压出，经模孔出来的棒状饲料由切辊切成需求的长度。

③冷却：在制粒过程中由于通入高温、高湿的蒸汽同时物料被挤压产生大量的热，使得颗粒饲料刚从制粒机出来时，含水量达 16%~18%，温度高达 75~85℃，在这种条件下，颗粒饲料容易变形破碎，贮藏时也会产生粘结和霉变现象，必须使其水分降至 14%以下，温度降低至比气温高 8℃以下，这就需要冷却。

④破碎：在颗料机的生产过程中为了节省电力，增加产量，提高质量，往往是将物料先制成一定大小的颗粒，然后再根据畜禽饲用时的粒度用破碎机破碎成合格的产品。

⑤筛分：颗粒饲料经粉碎工艺处理后，会产生一部分粉末凝块等不符合要求的物料，因此破碎后的颗粒饲料需要筛分成颗粒整齐，大小均匀的产品。

配合时应将添加剂先与载体、稀释剂等混合均匀后再加入到主原料中。混合均匀是非常重要的，否则将严重影响饲料的质量。制粒机械可分为两大类：一是螺杆式，饲料密实，含水量高，干燥时间长；二是辊模式，产量大，饲料水分少，易干燥。干燥方法有自然干燥—日晒和人工干燥—烘干和蒸气干燥。自然干燥时应避免过分曝晒，减少类脂质等成分氧化变质。包装时饲料温度不应太高，应在其自然降至室温时再包装入库。

● 3. 常用饲料 ●

在人工养殖条件下，对虾可摄食多种食物。一般蛋白质丰富的动、植物都可做对虾的食物，尤其是低等海产动物，饲养效果较好。禽畜下脚料不宜用作对虾的饲料。海产动物中以蓝蛤、寻氏肌蛤和贻贝等贝类为佳，糠虾、毛虾和其他杂虾、杂蟹等甲壳类次之，小杂鱼和鱼粉再次之。植物性饲料以豆饼、花生饼为好，还有棉籽仁饼、面筋、麸皮和米糠等。

三、饲料投喂和饲养效果

● 1. 对虾摄食特点 ●

对虾的摄食具有一定的节律性，摄食活动主要在夜晚，以日出日落前后摄食旺盛。故一般日投饲 4 次，早晚各 1 次，11：00 和 16：00 各一次。

对虾为抱食，摄食时间持续长，配合饲料应耐浸泡、沉底，软而不散，营养物质不易溶失。

对虾适宜连续投喂，间断投饵可能影响对虾的生长。

对虾的索饵能力较低，投饵的区域应大一些，配合饲料宜添加诱食剂或经过消毒处理的鲜鱼、虾。对索饵能力强的虾类和鱼类应注意清除或控制其数量。

对虾的摄食与环境条件有关，水质条件恶劣，环境条件变化剧烈，摄食量降低。在适温范围内，对虾摄食量随水温上升而增加。因此大雨、大风天气，水质较差时，超过适温的中午高温时段，一般不宜投喂，或应减少投喂次数及投喂量。

● 2. 鲜活饲料投喂 ●

目前对虾养殖池一般不宜投喂鲜活饲料，如投喂鲜活饲料应首先注意其质量，应真正达到鲜活的要求，不得变质。投喂量决定购买运输量，运抵后立即冲洗和加工投喂。小杂鱼、杂虾可直接投喂，大的鱼、虾和蟹类应切碎冲洗后投喂。

● 3. 饲料系数和饲料效率 ●

饲料系数是摄食量与增重量的比值，通俗的讲就是几千克饲料长 1 千克虾。饲料效率表示每千克饲料可以生长多少千克的虾，数值为饲料系数的倒数。两者表示饲料质量的优劣和养殖管理水平高低。

生产上饲料系数常常是指投饵系数，即投饵量与虾产量的比值。由于饲料成本在养虾的总成本中占的比例较大，投饵系数的高低，对养虾效益有重要的影响。投饵系数与以下因素有关。

（1）饲料的质量。饲料质量高，饲料系数低，投饵量也有可能低，优质的配合饲料，其投饵系数接近 1。

（2）对虾的个体大小。小虾的饲料系数低于大虾，因此养殖大虾的投饵系数要高一些。

（3）投饵量。投饵过量，饵料浪费，投饵系数必然高，投饵不足，对虾所摄取的营养仅够维持其体蛋白质更新和基础代谢，对虾不生长或生长减慢，投饵系数也会提高。

（4）竞争生物的数量。争饵的小杂鱼虾蟹等越多，投饵系数越高。

（5）饵料生物数量。池塘中天然饵料越多，对虾生长越快，而需要投喂饲料越少，使投饵系数降低。

（6）水质条件。水质条件不佳，体重增长减慢，投饵系数增加。

（7）对虾死亡。疾病及敌害生物等因素引起对虾死亡，产量必然降低，投饵系数增加。

● **4. 设计、加工自用配合饲料** ●

设计配方之前必须弄清对虾的生长阶段，以便确定饲料中蛋白质、能量等营养素的水平；既要满足对虾自身生长对蛋白质的需要，又要使能量和蛋白质的比例适中。过高和过低的能量和蛋白比都不利于对虾养殖生长。设计配方时还要考虑饲料营养水与容重的关系，既要保证对虾能摄入充足的营养，又要能使其产生饱感；对虾主要以蛋白质作为能量来源，对脂肪和糖类的利用率较低；对虾生长的不同阶段对各种营养物的需求也不同。对虾配合饲料配方很多，都可以在设计和加工配合饲料时参考。自己加工配合饲料往往营养不全面，因此不提倡使用自己加工的饲料。如可以投喂鲜活饵料时，养虾者自己设计、加工配合饲料可参考以下原则：

①鱼粉的用量：一般为 20%~30%，鲜杂鱼虾可按 1/3 的比例折算为干品。

②豆饼粕、花生饼粕等用量：为 30%~60%。

③虾糠 10%~20%，麸皮 10% 左右，次麦粉、玉米粉等淀粉类原料 10%~20%。

④复合维生素 1%，沸石泥等有益成分 1%~3%。

⑤原粉应粉细，各类原料搅拌均匀，淀粉类需经糊化。

第三章　南美白对虾的成虾养殖

第一节　养殖场建设

一、选址要求

养虾场地址的选择应全面考虑地质、水源水质、气象、社会条件等因素。

● 1. 地质条件 ●

包括地形、地势、土壤性质等，一般来讲，虾场应建于地形变化相对稳定、地势平坦之处，土质为黏土为宜。砂性土质也可用于南美白对虾的养殖，但砂的自然渗透性会造成虾池漏水及把肥水深入虾塘深层，砂性土壤中的以低有机物含量也难以维持浮游植物的正常量，建场时应考虑这些因素。

另外还应注意土质的酸碱度，不宜在酸性土壤处建虾场，因为南美白对虾喜生存于微碱性水体中，酸性土壤的虾塘将很难稳定水中的 pH 值，而且也不利于浮游植物的培养。

● 2. 水质条件 ●

南美白对虾养殖必须要有充足的水量和良好的水质作为保证。要求虾场有水质清新、水量充足、没有污染的水源、水质指标应符合渔业水质的标准。其中 pH 值是否稳定适宜，应引起重视，南美白对虾养殖要求水体 pH 值最好的在 7~8，波动不要太大。

●3. 气象条件●

近年来我国一些地区洪水暴发及干旱等自然灾害对种养殖业的危害较重，养虾场址的选择应考虑到气象这一重要因素，建场前要调查好当地年降雨量，年蒸发量等，以决定是否建泄洪渠道或贮水池等。其他如气温、气温的变化等也要了解，以做好相应的安排配备，如加热保温装置等。

●4. 社会条件●

养虾场的建造还应考虑到交通、水电、通讯等社会条件。为便于养殖、生产、销售等，虾场应建在交通便利、电力充足、通讯快捷，劳动力及物质供应方便的地方。

二、水源环境要求

自然条件下，其在盐度 28‰~34‰的自然海水中生长繁殖。当前我国沿海一些养殖场可进行其在海水中的人工繁殖虾苗，并加以逐步淡化，其在淡水中养殖的生长率并不低于在海水区域中的。其咸淡水来源主要有 5 个方面。

●1. 天然海水●

要求使用的海水无污染，水质清新，使用时经沉淀过滤，加清新的淡水，稀释到所需要的盐度。一般地处海边的育苗场，淡水都比较少，以节约淡水的用量。育苗场建在沿海地区常用此法。

2. 浓缩海水

利用盐场二级盐田的浓缩海水加淡水进行调配，浓缩海水的盐度要求在10%以下，配制海水的浓度为8‰~12‰。浓缩海水的浓度不宜太高，过高盐度的浓缩海水会有部分元素析出，如 Ca、Mg 离子首先析出；如浓缩海水的盐度过底，则增加运输成本，占用蓄水池和增加劳动强度。育苗场附近有盐场的地区或装运浓缩海水方便的内陆地区常采用此法，其特点是污染少，有害生物少，价格便宜，操作方便，各种营养元素齐全。

3. 天然半咸水

在淡水江河入海的河口地区，终年咸淡水的盐度为4‰~8‰，这样的水适宜用于培育幼体，在这些地区可取得大量育苗用水，经沉淀过滤后即可使用。所以，入海口地区建立南美白对虾育苗场比较合适。

4. 地下咸水

在沿海地区地层普遍都有咸水，通过打井可以抽取。地下咸水虽没有受到任何现代化学、物理和细菌的污染，但往往含有较高浓度的氨氮，只有在将氨氮降低至育苗标准以下，这种地下咸水才是较为理想的育苗用水。目前常用于降低氨氮的办法为浮游植物吸收法。具体操作方法是：在每年的7—8月抽取地下咸水至池塘中，因正值高温季节，加上水体中氨氮含量高，地下咸水抽进池塘中2~3天，便会出现大量的浮游植物，浮游植物吸收水中的氨氮。经过4~5个月，地下咸水的氨氮含量就会逐渐降低至 0.06 毫克/升以下，即可用于育苗生产。

● 5. 人造海水 ●

人造海水具有方便、省工和无病菌等特点，现内陆地区普遍使用。在使用人造海水时，先配制浓缩海水，在使用时再用淡水稀释到所需浓度。稀释用的淡水如用深井水，则需充分曝晒充气后使用；如用河水，需经消毒沉淀处理后使用。

配制人工海水时，要先将各种原料放入配水池，用清水溶解并充分搅拌，防止底部浓度高而上部浓度低，搅拌后用盐度计测量，将盐度调整到 14‰，经过滤和曝气加到育苗中使用。

内陆地区普遍使用人工配制的海水盐度为 10‰～12‰，海水相对密度为 1.007（水温 28℃）。其他原料采用工业用盐（硫酸镁、氯化镁、氯化钙、氯化钾等）或三级试剂，按天然海水主要元素的成分配制而成，Mg^{2+}、Ca^{2+}、K^+ 三种离子的比例为 3：1：1，具体配方见表。

表　人工海水配方

配制海水成分	重量（千克）	配制海水成分	重量（千克）
淡水	1 000	氯化钾	0.24
粗海盐	10	硫酸钠	0.3
硫酸镁（$MgSO_4 \cdot 6H_2O$）	4	溴化钾	0.02
氯化钙（无水）	0.35	硼酸	0.12

该配方配制的人工海水育苗效果很好，各种原料都可以采购工业用盐，成本较低。如果用分析纯或化学纯，原料价格要高出 5～7 倍。

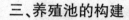

三、养殖池的构建

对虾养殖池塘的适宜面积为 5~7 亩，圆形或方形切角。如果为长方形，长宽比不应大于 3：2。池深 2.5~3 米，养殖期可保持水深 2 米以上。池底平整，向排水口略倾斜，比降 0.2%，做到池底积水可自流排干，以利晒池和清洁处理池底。养殖池底及池壁不渗漏水，如有渗漏必须加防渗漏材料，可用塑胶膜铺设池底和池壁。为防止池坝坍塌，土质含沙量较多时应增加护坡设施。排水设施控制可用排水闸，或使用管道。排水闸闸底高程要低于池内最低处 20 厘米以上，以利排干池水。排水闸上部设活动闸板，以备暴雨时排表层淡水。圆形虾池也可在池中心建排水出口。养殖池进水通常采用管道或明渠从池坝上进水，紧贴池壁修导流槽，以免冲刷堤坝。养殖池进水口处设两道闸槽，一道用以设置滤水网，另一道设挡水板（图 3-1、图 3-2）。

四、配套设施

●1. 增氧设施●

南美白对虾属底栖生物，池塘底部的的理化因子对其影响至关重要，而溶解氧是影响理化因子的第一关键要素。水中的溶氧量的高低与南美白对虾的摄食、生长、饲料利用率甚至虾的生存等息息相关。底层水体因消耗氧气量提高，溶解氧浓度急剧下降，导致水质环境恶化，病害频发，对虾产

图 3-1 对虾养殖高位地膜池

图 3-2 对虾养殖高位地膜池整体效果

量大减。目前，养殖户普遍采用的水车式及叶轮式等增氧方式均属于表层水体增氧方式，这种增氧方式并不能解决池塘底层溶解氧含量过低的问题。地层水体溶解氧浓度低一直是影响南美白对虾生存和产量的最重要的因素。因此，开展高密度集约化养殖的虾塘需要配备底层水体增氧系统。

现介绍几种常用增氧机，在生产实际中可按需配置。

（1）叶轮式增氧机。叶轮式增氧机（图3-3、图3-4）使通过搅动水体和曝气来增加水体中的溶解氧量的。使用时整机浮在虾塘中央并用绳索系于塘边。该机在工作状态下叶轮旋转，可产生提水和推动水体的作用，使水体的上下层形成对流，将表面的富氧水体推送至底层，把含氧量较低的底层水体提升，从而达到使整个水体的溶解氧含量趋向均衡的状态。这种增氧机使用的塘口水深在1.5~2米，如果水深过钱则会搅动地步污泥搅浑池水，反而对南美白对虾生长不利。

图3-3　叶轮式增氧机

由于其本身的局限性，在远离布置增氧机点的区域溶氧慢，容易出现水温分层等现象，特别是在高密度的南美白对虾（通常均匀分布觅食）养殖时出现有效供氧不足，立体供氧分布不均匀，且耗电量大，另外还存在伤及养殖虾种幼体

图3-4 叶轮式增氧机结构

以及用电不安全等问题。

（2）水车式增氧机。水车式增氧机（图3-5、图3-6）通过桨叶高速击打水面，将空气搅入水体中来实现增氧效果。这种增氧设施适合水体较浅的塘口，不会搅动底泥，保持池水清爽。水车式增氧机的优点是推水距离远，不足之处是推水表层，用几台增氧机配合后，使整个水塘的水产生环流后，带动底层水体流动才有更好的效果。

（3）微孔增氧设施。微孔增氧也称"纳米增氧"。它由罗茨鼓风机与纳米微孔管组成，能直接把空气中的氧输送到水层底部，通过纳米状微孔压出后形成纳米状气泡，气泡的体积很小，与水的接触面积增大，使氧气更容易溶解到水中，

图 3-5　两轮水车式增氧机

图 3-6　四轮水车式增氧机

能大幅度有效提高水体溶解氧含量。它的特点是：变表面增氧为底层增氧，变点式增氧为全池增氧，变动态增氧为静态增氧。大大提高池塘增氧效率，是国家重点推荐的一项新型渔业高效增氧设备，有利于推进生态、健康、优质、安全养殖。

①主要优点：一是高效溶氧。由于超微细孔曝气产生的气泡，在水体中与水的接触面极大，上浮流速低，接触时间长，氧的传质效率极高，因此增氧效率高、增氧效果好。

二是活化水体。微孔管曝气增氧，犹如将水体变成亿条缓缓流动的河流，充足的溶氧使水体能够建立起自然的生态系统，让水活起来。

三是恢复水体自我净化功能。微孔管曝气增氧是水底增氧，其他增氧是表层增氧，而养殖水体主要是表层溶氧丰富，底层缺氧。水体底层沉积的肥泥、有机排泄物、剩余变质的饵料等难分解的有机物，会消耗大量的氧，而充足的微孔曝气增氧，使其转化为微生物容易分解的有机物，使水体自我净化功能得以恢复。

四是超低能耗。采用微孔管曝气增氧，氧的传质效率极高，使单位水体溶氧迅速达到 4.5 毫克/升左右，不到水车或叶轮增氧的 1/4 能耗，可以大大节约养殖户的电费成本。以 10 亩水面养殖池为例：产品在水深 1.5~2 米，在达到 10 千克 O_2/小时增氧能力时所耗功率仅为 1.5 千瓦，而采用叶轮式增氧机则需 6~9 千瓦，按增氧日 150 天、每天 8 小时运行计，可节电 7 000 多千瓦时，运行费用节省 3 000 元以上。

五是实现生态养殖。保障养殖效益：持续不断的微孔增氧为水体提供了充足的溶氧，水体自我净化能力得以恢复提升，菌相、藻相自然平衡，构建起水体的自然生态平衡系统，养殖种群的生存能力稳定提高，充分保障养殖效益。

六是安全、环保。微孔管曝气增氧装置安装在岸上，操作方便，易于维护，安全性能好，不会给水体带来任何污染，特别适合虾蟹养殖。而传统增氧方式是在水中工作，容易漏电，对人体和鱼虾有潜在危害。

②微孔增氧设备及其安装（图 3-7、图 3-8）：一种是底

层微孔曝气增氧设施的构成与安装。

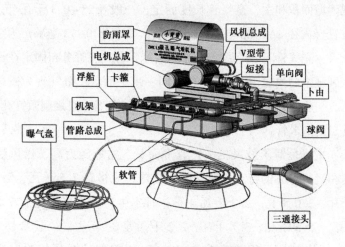

图 3-7　微孔增氧系统示意图

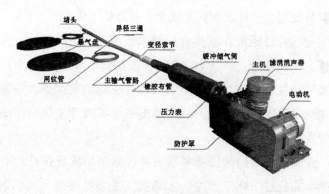

图 3-8　微孔增氧系统实物

底层微孔曝气增氧设施，由增氧动力主机+总管+充气管组成。增氧动力一般为固定在池埂或架设池塘一端中央水面上的空气压缩泵或罗茨鼓风机或旋涡式鼓风机。设置要求防晒、防淋、通风，提供大于 1 个大气压的压缩空气，功率配置视池塘面积和主、充气管长度而定，一般 0.25～0.3 千瓦/亩；总管（内径 φ60～80 毫米）、充气管（内径 φ10～12 毫米）为纳米管，充气管间等距离范围为 6～8 米，各充气管分布固定在深水区域距离池底 10 厘米左右处同一水平面上；曝气头为微气孔，一般由二种形式，其一是在软塑料充气管上直接刺微针孔，其二是纳米管。

主机是罗茨鼓风机，具有寿命长、送风压力高、送风稳定和运行可靠的特点。罗茨鼓风机国产规格有 7.5 千瓦、5.5 千瓦、3.0 千瓦、2.2 千瓦 4 种；日本生产的规格一般有 7.5 千瓦、5.5 千瓦、3.7 千瓦、2.2 千瓦等。

主管道则采用镀锌管或 PVC 管。由于罗茨鼓风机输出的是高压气流，所以温度很高，多数养殖户采用镀锌管与 PVC 管交替使用，这样既保证了安全，又降低了成本。

充气管道则推荐选择专用纳米增氧管，灵敏度高，安装方便，性能稳定。而 PVC 增氧管使用过程中，由于水压及 PVC 管内注满了水，两者压力叠加，主机负荷加重，容易引起主机及输出头部发热，后果是主机烧坏或者主机引出的塑料管发热软化。

在安装、维护的注意事项有：一是采用软管钻孔的管道长度不能超过 100 米，过长末端供气量不足甚至无气。如果软管长度过长，应架设主管道，主管道连接支管，有利于全池增氧；由于主管道管径大，出气量大，也能减轻鼓风机或空气压缩泵出气口的压力和发热程度。

二是功率配置不科学则浪费严重。一般纳米增氧管的功率配置为0.25~0.3千瓦/亩，许多养殖户没有按照此功率进行配置，增加了运行成本。

三是铺设不规范，主要有充气管排列随意，间隔大小不一，有8米及以上的，也有4米左右的；增氧管底部固定随意，生产中出现管子脱离固定桩，浮在水面，降低了使用效率；主管道安装在池塘中间，一旦管子出现问题，更换困难；主管道裸露在阳光下，老化严重等。通过对检测数据分析，管线处溶氧与两管的中间部位溶氧没有显著差异，因此合理的间隔为6~8米。

③微孔增氧设备的使用方法：开机增氧时间：夜间22：00左右（7—9月21：00）开机，至翌日太阳出来后停机，可在增氧机上配置定时器，定时自动增氧；连续阴雨天提前并延长开机时间，白天也应增氧，尤其是雨季和高温季节（7—9月），13：00—16：00开机2~3小时（图3-9）。

图3-9 微孔增氧效果

●2. 供排水系统●

虾池建设首先要修建进、排水系统，进排水系统由渠道（或管道）、控制水闸等组成。灌、排分开，独立设置。进水口与出水口应尽量相对设置。

为保护水源，保证养殖用水质量，预防病原传播，在集中的对虾养殖区，需要设进、排水渠道，协调各养殖场和养殖池的进、排水。进水口与排水口应尽量远离。新建虾场的排水口不得设在已建虾场的进水口或扬水站附近。根据水力学原理设计进、排水渠道的断面，避免因流速过大冲损渠道，或因水量过大溢出渠外。排水渠除考虑正常换水量需要外，还应考虑暴雨排洪及收虾时急速排水的需要，所以排水渠的宽度应大于进水渠，渠底一定要低于各相应虾池排水闸闸底30厘米以上。

（1）进水系统。池塘的进水一般分为两种类型，一种是直接进水，另一种是间接进水。通过水位差或用水泵直接向池塘内加水的进水方式称为直接进水，一般适合在池塘接近水源、且水源条件较好的情况。采用这种方式进水，要在进水口设置相应的拦网设施，防止敌害生物的进入。另一种是间接进水，采用水泵将水引入蓄水池，经过蓄水池的沉淀、过滤、曝气、增氧或消毒后再进入池塘。采用这种方式进水的水质相对较好，溶氧充足，野杂鱼以及其他有害生物基本除净，且病原大大减少。因此，这种进水方式在虾苗繁育中应用较广。

①生产上常用的水泵：有潜水泵、离心泵和混流水泵三种类型。潜水泵的体积小，重量轻，安装搬动方便，加上该

种水泵的机型较多，是目前生产上最为常用的。离心泵的水泵扬程高，一般达 10 米以上，而混流泵扬程一般在 5 米以内，但相同功率出水量比离心泵大。相对于潜水泵来说，离心泵和混流泵的安装和搬运较困难，通常要先做好基础，然后将其固定在一定的位置。当然，养殖户选择时要根据实际的情况选择最合适的水泵。

②蓄水池：蓄水池的主要作用是储存处理好的海水或淡水，向养虾池提供经净化优化后的合格养虾用水。一般 3～5 个养虾池应配备一个蓄水池（养鱼池也可当蓄水池使用）。在虾病流行期间，蓄水池一定要经过杀菌除毒处理。蓄水池应有排水闸，保证能完全排干池中的水，以利清洗。

蓄水池常用石块、砖或混凝土砌成，长方形或多角形或圆形，容积要根据生产需要进行确定。目前大多采用二级蓄水，前一级主要是沉淀泥沙与清除较大的杂物，对大型浮游生物以及野杂鱼类等进行粗过滤，过滤用筛绢网目为 20 目左右。二级蓄水池主要是增氧和对小型浮游动物进行再过滤，过滤网目一般为 40 目左右。

池塘的进水渠分明沟和暗管两种类型。明沟多采用水泥槽、水泥管，也可采用水泥板或石板护坡结构。暗管多采用 PVC 管或水泥管。

（2）排水系统。池塘排水是池塘清整、池水交换和收获捕捞等过程中必须进行的工作。如果池塘所在地势较高，可以在池底最深处设排水口，将池水经过排水管进入排水沟进而直接排入外河。排水管通常采用 PVC 管和水泥管。排水口要用网片扎紧，以防虾类逃逸。排水管通入排水沟，排水沟一般为梯形或方形，沟宽为1~2米。排水沟底应低于池塘底部。如池塘地势较低，没有自流排水能力，生产上可用潜水泵进行排水。

为了防止夏天雨季冲毁堤埂，可以在适当的位置开设一个溢水口。在排水管和溢水口处都要采用双层密网过滤，防止南美白对虾趁机逃走。要定期对排水系统进行检查，以防排水系统的堵塞或破损而影响正常的排水（图3-10）。

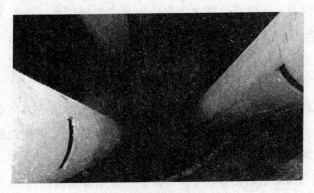

图3-10　排水系统

● 3. 辅助投饵设施 ●

投饵喂料是南美白对虾养殖中任务繁重而又关键的一项工作，饲料成本占到整个投资成本的50%以上，投饵喂料技术是否合理，是影响水产养殖效果和环境生态效益的一个最重要的因素。

投饲时，饵料要均匀投放在整个池塘水面，饵料密度过大的水域，往往会造成饲料的局部浪费，同时残余饲料也会恶化养殖的水域环境；而对于饵料密度过小的水域，会影响到南美白对虾的摄食量，容易造成南美白对虾因抢食、争斗而受伤，继而引发疾病，导致南美白对虾死亡的后果。

目前，我国南美白对虾养殖投饵喂料常用的方式分为3种。

（1）人工投喂。采用人工撑船进行投饵喂料，一人撑船，一人投饵，将饵料以扇形一把一把地撒入水中，能清楚地看到南美白对虾的摄食情况，灵活掌握投喂量，投喂全凭人工的经验进行，方法简便，使用灵活，节约能源。

（2）机械投喂。采用投饵机进行投饵喂料，这种方式的优点是可以通过人工操作定时定量投饵，能够节约劳动力，但其缺点是往往只能固定在同一地点进行投饵，饵料分布在岸边很小的水域内，其他水域尤其是养殖的中间水域无法覆盖，不能够保证投饵的均匀度。

（3）动态投喂。通过小型船载投饵机喂料，将投饵机安装在船上，通过船载投饵机进行移动投喂，使得饵料投喂覆盖面更为广泛，同时机械化操作也相对节约劳力。也可采用塑料编织袋或密眼网片制成投喂食台，便于日常饵料的投放与饲料残余的及时清理。

●**4. 其他必要的生产设施**●

（1）发电机组。为了防备高温季节以及暴风雨天气时突然发生停电断气，造成不可估量的损失，养殖池塘应根据养殖面积和功耗配备相应功率的发电机组，并定期维护保养，确保在需要时能够直接使用。

（2）饵料台。养殖池塘设置简易的饵料台，投喂饵料时，在饵料台上撒上适量的饲料，用于随时检查南美白对虾的摄食和活动情况，便于掌控全池的南美白对虾的生长情况。

第二节　南美白对虾健康养殖技术

一、健康养殖

健康养殖是指根据养殖对象正常活动、生长、繁殖所需的生理、生态要求，选择科学的养殖模式，将健壮的养殖动物通过系统的规范管理技术，使其在人为控制的生态环境中健康快速生长。

南美白对虾经过近十多年的养殖发展，出现了苗种质量差、滥用药物、污染环境、管理与技术混乱等一系列问题，且有愈来愈严重之势，对虾产业持续健康发展受到威胁。

为此，笔者开展对南美白对虾健康养殖集成技术的研究，以建立对虾健康养殖体系，有效提升对虾养殖水平。该集成技术是指通过保持高质量的水域环境，选用健壮无疫病的苗种，合理控制养殖容量，投喂营养物质平衡的饲料，安全使用渔药等措施使南美白对虾整个养殖过程达到科学化和生态化。内容包括优质虾苗保障技术、水环境调控技术和生态防病技术等。

● 1. 优质虾苗保障技术 ●

（1）无特定病原（SPF）虾。无特定病原（SPF）为Specific Pathogen Free 之缩写字，其意就是无特定疾病抗原的意思，这一概念来自畜牧业及实验动物学，通过病毒学、微生物学监控手段，对实验动物按微生物控制的净化程度分类。实验动物可分为无菌动物、悉生动物、无特定病原动物和清洁动物等四类。其中，无特定病原（SPF）动物是指体内无特定病毒、微生物或寄生虫存在的动物。严格来说，SPF 动物是由转移到屏障系统内饲养的无菌或无病动物所繁殖的后代。它所指的是动物与病原关系的一种状态，而不是动物遗传上的一种基因型或表现型。因此，SPF 是一个控制病原概念，而不是遗传学概念。它与动物的种、品种、变种或品系等遗传学概念有本质的差别。另一方面，要在实际中发挥 SPF 状态的优越性，需要长期进行连续性的家系保持，建立和保持某个动物或群体的 SPF 状态，必须将无病原控制技术与遗传育种技术紧密结合起来，筛选其优势性状进行严格培育。

国际上，大多数畜牧品种、实验动物及一些农作物均建立了 SPF，例如 SPF 种鸡、SPF 海蛤等。既然是针对特定病原，就表示它不能排除其他未经检验证实疾病存在的可能性。因此，正确的说法应该是明确指出哪些疾病项目，经过科学仪器方法检测，确定不带该病原的 SPF 生物。例如，当前无白斑综合症病毒（WSSV）及桃拉症病毒（TSV）的 SPF 南美白对虾种虾或虾苗，对于其他如传染性皮下造血器官坏死症病毒（IHHNV）及对虾杆状病毒（BPV）等未经检验，所以无法确定是否携带病原。通常检验项目是针对当前危害性最大的疾病。因此对广大养殖业者来说，必须选择真正的 SPF 虾种进行培育，这样才能产出高品质健康的不带病毒的虾苗。

（2）抗特定病原（SPR）虾。抗特定病原（SPR）为

Specific Pathogen Resistent 之缩写字，即"对特定病毒等微生物病菌，种虾于先天或后天具有较强的抵抗力"。抗特定病原（SPR）虾是指对虾对特定病毒、细菌、其他微生物和寄生虫感染源具有抵抗能力。SPR 虾的研究是针对近 10 年以来在中南美洲养殖国家如厄瓜多尔 1992—1994 年出现的南美白对虾桃拉病毒（TSV）症。桃拉病毒是一种小型的单股正链 RNA 病毒，因首次在 Guayaguil 湾的桃拉（Taura）河口被发现而得名。1992 年首次发现该病毒时，就发现它可引起南美白对虾高达 60%~90% 的死亡率，是南美白对虾一种灾难性的传染病。该病毒水平传播能力强。1995 年美国德克萨斯州的南美白对虾养殖业也同样遭受厄运，损失惨重。因此，抗特定病原（SPR）虾的研究引起广泛重视。

SPR 种虾抗性品系是在 SPF 研究的基础上研发改良的新品系。SPR 种虾主要是对桃拉病毒（TSV）具有某种程度的抵抗能力。据有关报道，SPR 虾苗性情较稳定，不易惊跳，放养前期成长不明显，在中后期（50~70 天）生长明显加快。与 SPF 无病原虾比较，两者之间的差异在于养殖期间水环境突变恶化、与虾体遭遇疾病感染时，SPR 抗性虾的存活率明显高于 SPF 无病原虾。实际上，SPR 抗性虾的研究要实现生产性的应用，可能还需要一段较长的时期。

（3）严控亲虾质量和选用优质虾苗。亲本种虾必须选择国内外南美白对虾原产地或原良种场的具有明显遗传优势的种群。亲虾从外观上挑选应选择体形强壮，附肢齐全，体表光滑，体色鲜艳透明，规格 50~70 克/尾，无伤病的个体，对确定的亲虾群体进行遗传多样性及差异性测试。挑选亲虾时应经严格检疫检验，包括对虾传染性皮下和造血器官坏死病毒（IHHNV）、白斑综合杆状病毒（WSSV）、拉病毒（TSV）和寄生虫检疫等。可用常规组织切片技术、核酸探针和 PCR 方法得到，发现带病原体个体即应销毁。选用的亲本及苗种均不得携带有上述三种病毒，从源头把好防病关。

生产 SPF 虾苗必须做到以下 5 点。

①放养经过无特定病原检验的高度健康的虾苗；

②严格管理防止病原进入养殖区，不使用生鲜饵料，进入的水需要过滤和检验；

③使整个养殖系统保持高度健康，包括营养、水质、环境和管理方面；

④持续监测虾的健康状况；

⑤一旦发现疾病，立刻采取措施。SPF 虾苗的生产必须在非常严格的隔离状态下进行，按照 SPF 虾苗的生产规程要求。

基于遗传学研究确定具有显著遗传差异的群体中进行杂交育种；杂交子一代分别封闭培育、促熟；不同繁育群体间的杂交采用正交与反交同时进行；在控制条件下分别进行不同杂交组合的受精卵孵化、种苗培育、养成。以成活率、生长率及抗逆性为指标选取最佳杂交组合，建立遗传多样性丰富的基础群体。良种选育重要经济数量性状是指产卵量、孵化率、育苗率、体长、体重、生长速度、环境适应性、抗性等。繁育出的种苗具有生长快、抗逆性强，经多代的闭锁繁育，选育出遗传性状稳定，具有明显生长优势及抗病抗逆优势的南美白对虾新品系。

虾苗的培育必须按规范操作，育苗过程温度不能过高，调节至最佳育苗水环境，饵料营养好，严禁使用违禁药物。放养前随机捞取虾苗，发现死苗不得使用；虾苗出现畸形或空肠空胃时不得使用；选用体表干净、附肢齐全，温差法检测成活率98%以上；虾苗用PCR不得检出造血器官坏死病毒（IHHNV）、白斑综合杆状病毒（WSSV）、托拉病毒（TSV）、对虾传染性皮下和弧菌等。

● 2. 水环境调控技术 ●

水是南美白对虾赖以生存和生长的基础，好的水质不仅有利于南美白对虾的繁育，还能提高南美白对虾的抗病力，恶劣的养殖水环境不但使南美白对虾生长缓慢、抵抗力差，而且容易被病原微生物感染，甚至威胁到其生存。因此，水质的好坏直接关系到水产养殖的成败。

养殖过程中混养少量鱼类，充分利用水环境有机碎屑和对虾残饵，提高虾池饵料利用率，净化对虾养殖环境，同时可以控制对虾病害的暴发。多年来，与南美白对虾混养的鱼类品种可为罗非鱼等。一些比较大型的鱼，食性凶猛，对健康的南美白对虾也会捕杀严重，混养时会导致南美白对虾成活率低、饵料系数高。但若是发病虾塘时用这些凶猛鱼控制病害漫延则较为有效。罗非鱼属于杂食性鱼类，对病、死虾捕食能力差而难以控制对虾发病，也会与对虾争食饲料，但若在池中心圈养，专门摄食集中于池中央的有机碎屑和对虾残饵，可以提高虾池饵料利用率，净化对虾养殖环境。

经试验结果表明池塘中央圈养罗非鱼的效果最好。具体操作是：在放养南美白对虾虾苗30~40天，对虾生长至体长

5厘米以上，摄食较多，水色较肥时投放鱼苗，鱼苗体长是虾体长的两倍，即鱼苗体长一般是10厘米，中央圈养的鲻鱼或罗非鱼密度是8~12尾/亩。

"水环境有益活菌调控"就是利用有益微生物制剂（光合细菌、芽孢杆菌及EM菌等）来改变池塘的菌藻相，降解池塘中的有机溶解物，以调节水环境。其原理是这些有益微生物可以吸收水体中的富营养物质，消除水中有毒有害因子，防止残饵与代谢废物过度积累，改变池塘的藻相，从而达到净化水质的目的。

微生物和浮游生物的生长与温度密切相关。低温条件下养殖水体中的微生物增殖不活跃、浮游生物生长繁殖不旺盛，相对高温养殖期而言水质清瘦，因而在低温养殖期水质调节的重点在于施肥培藻，通常情况下可施用氮、磷肥或生物肥进行培藻。为促进水体中微生物和藻类低温下快速增殖，加速养殖水体氮循环，调节养殖水体碳氮比，低温养殖期宜施用有机酸，以促进有益微生物和藻类的快速增殖。

高温养殖期即是水产养殖动物快速生长期，但也是养殖水体水质不良的多发期。一方面大量投饵或施肥以及养殖动物排泄量急增，引发养殖水体有机物大量积累和藻类营养盐不平衡；另一方面微生物、藻类增殖旺盛，一旦养殖水体藻类种群单一，极易形成"水华"。因而，高温养殖期水质调节的关键点在于定期使用芽孢杆菌或粪产碱杆菌等微生物制剂分解转化养殖水体中积累的有机质，同时及时补充无氮营养盐等藻类生长所需的中量和微量元素，以促进养殖水体无机氮的利用与转化。

●3. HACCP 体系在南美白对虾养殖中的应用●

危害分析及关键控制点（HACCP）是目前国际上推行的食品生产加工过程中最有效、最经济的安全卫生控制体系。该体系的宗旨是将可能发生的食品安全危害消除在生产过程中，即强调对危害的预防，而不是依赖于最终产品的检验。HACCP 可以应用于从初级生产到最终消费的整个食品产业链。国际上，HACCP 体系最初是应用于食品加工领域的安全质量管理，20 世纪 90 年代后逐渐在水产养殖生产领域开始应用。目前我国 HACCP 体系仅主要在水产品加工方面有应用研究，在水产养殖方面的应用刚刚起步。

有学者应用 HACCP 的基本原理，在广西沿海一个大型海水养殖场开展南美白对虾养殖 HACCP 管理体系的生产应用研究试验，对整个南美白对虾养殖过程进行危害分析，确定养殖关键控制点（CCP）和关键限值（CL），并制定相应的监控措施，以及超过关键限值时的纠偏措施。

试验中，南美白对虾生产流程为：养殖地点选择→水源→水处理→清塘→肥水→放苗→商品虾养殖→捕捞包装，其中养殖涉及饲料投喂、药物使用、日常水质及生长管理等。根据相关性和危害性等多重指标，将水体、苗种、饲料、药物等设为 CCP，而养殖地点、清塘、肥水、水质及养殖管理等均可以通过养殖规范（GAP）和卫生标准操作程序（SSOP）控制，因此不设为 CCP。

试验养殖场在生产中实施 HACCP 管理体系后，整个养殖阶段白斑病毒检测全部为阴性，而同期的周边养殖场白斑病毒检测阳性率平均为 10.46%。试验虾起捕前，抽查对虾样送农业部渔业产品质量监督检验测试中心（南宁）和广西出入境检验检疫局检验检疫技术中心检测，结果全部达到国家标准要求，符合出口食品卫生标准。

一个完整的食品安全预防控制体系即 HACCP 体系，应包括 HACCP 计、GAP 和 SSOP3 个方面，三者之间为一个金字塔关系，即 GAP 是整个食品安全控制体系的基础，SSOP 计划是根据 GAP 中有关卫生方面的要求制定的卫生控制程序，HACCP 计划则是建立在 GAP 和 SSOP 基础之上的识别显著危害、控制关键危害的程序。但是 HACCP 管理体系的实施效果在很大的程度上要取决于企业管理及生产员工所受的教育程度和对该系统的理解程度，因此应加强相关人员的培训。

二、养殖前期准备

● 1. 池塘的整理 ●

南美白对虾养殖池溏应尽量选择水源充足，养殖密度较小的区域，以防止病原的交叉感染；尽量选择交通、用电方便的地点，以便于饲料、商品虾的运输等；水质条件要好，特别是没有农药、杀虫剂和工业的污染；南美白对虾塘的土壤最好不选择沙质土壤，不但易漏水，而且养殖后期易出现底质黑臭；池塘周边不宜有高大树木和建筑物。

南美白对虾池塘的坡度越缓越好，一般与水平线呈 $30° \sim 40°$ 角为宜，这样可以供对虾有更多的栖息面积，同时可以防止因局部底质恶化而使对虾的栖息面积减少，从而诱发疾病；进排水设施布局要合理：进水设施应有完善的过滤系统，以防敌害生物进入虾塘内；排水设施尽量应做到既能排掉底层水，又能排除表层水，以防有害藻类过度繁殖或表层污物较多时能及时排除表层水。

我国有许多养虾场，除一些新开发的虾场外，80%以上的虾塘严重老化，虾塘底质淤积了大量残饵、排泄物、生物尸体、有害生物，如蟹类、病原菌及病毒粒子、有害微生物，形成了一个极为恶劣的生态环境，给养殖对虾带来极大的威胁和危害。

（1）虾塘过浅。有的虾塘水深不到1米，只有80厘米的虾塘，载水量明显下降，容易形成病菌、病原菌的富集，塘底污染严重，特别是在自然条件发生突变时，如高温、台风、暴雨等，会导致虾塘环境剧烈变化，出现"应激反应"，导致虾病暴发。

（2）有害有机物。淤泥中含有大量的有机物质，在细菌的作用下氧化分解，不断消耗水中的氧，往往使虾池底层水体本来不多的溶解氧消耗殆尽，造成缺氧状态，在缺氧情况下，厌氧菌大量繁殖，发酵分解有机质，产生有害的硫化氢、亚硝酸盐等有害物质。这些物质又强烈亲氧，使池底层水溶解氧下降至较低限度。上、下层池水对流交换又引起整个虾塘水体的溶氧不足，虾在缺氧时最易发生病毒病和细菌病等病害。

（3）含氮有机物。淤泥含有大量的含氮有机物，无论是在亚硝化细菌的作用下进行好氧分解，还是在硝化细菌的作用下厌氧分解，两者的最终产物都是氨。氨的毒性强，即使浓度很低，也会抑制虾的生长。若氨的浓度过大，对虾血液和其他组织中氨的含量增加，导致血液中 pH 值上升，对酶的催化反应，如细胞膜的稳定性受到不良影响。加上有些低劣的配合饲料虾不爱吃，这些残饵发酵发臭，水中氨氮浓度增大，很快引发虾病流行。

（4）底泥环境恶化。池底黑化，池底长期处于还原状态，底质变黑发臭气，虾塘生态系统遭到严重破坏，生物组成贫乏，充作饵料的底栖生物绝迹。淤泥中形成病原菌的活跃区，池塘水质变酸、环境恶化、对虾抗病力下降、致病微生物等大量滋生蔓延，导致虾病暴发（图 3-11）。

图 3-11　池塘淤泥发黑，底质酸化

（5）细菌与病毒。虾池是细菌繁殖的天然培养基，是携带病毒的微生物大量复制繁殖的基地。虾塘池底细菌可能是病毒的第一宿主，可以通过食物链传递使其他生物受到感染。虾池水体中存在细菌包括病原菌、有益细菌或病毒。如果在带有病毒的虾塘中养殖南美白对虾，投喂普通配合饲料，一般在一个月内可以检疫出对虾感染病毒，所以虾池底质的大量有毒物和病原菌，是引起养殖期对虾病害的祸根。

● 2. 清除毒害 ●

养殖水体普遍发现富营养化，常见的如池水中溶解或者非溶解态有机物质的浓度增高，氮、磷含量上升，pH 值和生化耗氧量超出正常范围，透明度下降，水色变绿，硅藻等常见的优势种类被鞭毛藻等代替。情况严重的地方，上述富营养化已经扩展到池外水域，生态平衡受到严重威胁。养殖期内，几乎有一半以上的池底长期处于严重的还原状态，变黑和发臭异常迅速。有的在局部，有的则大面积发生。池底生物组成单一，多样性指数明显下降，可以充作饵料的底栖生物几乎绝迹。这种现象是虾池老化的原因之一，对养殖生产非常不利。

在放苗前 15~20 天，进水 15~20 厘米，每平方米用 3~5 克二氧化氯对水全池泼洒，3 天后排干池水。然后每平方米用 80~100 克生石灰撒泼全池，再进水 20~30 厘米，用铁耙使底泥和石灰充分搅拌混和消毒，经 3 天沉淀，水变清，再按每平方米用 10~15 克茶籽饼浸泡后连渣全池泼洒除野，然后进水肥塘，同时调节盐度。调节盐度的方法是：加入相对密度为 1.1~1.12 的卤水，使养殖池水的相对密度接近 1.0005，使养殖池和淡水标准增粗池水的盐度接近，这时放养虾苗的成活率会大大提高。

对于多年的老塘，最好每年做一次清淤；清淤后，保持水位平均 20 厘米左右，先用含氯制剂清塘，一般使用漂白粉 20~30 千克/亩。特别提醒，在北方由于大多数池塘碱度大，水体的 pH 值一般较高，所以不建议使用生石灰清塘，以防水体 pH 值过高而很难控制。清塘 24 小时后，向池中一次性注入新水至平均水深约 1.2 米。注意，在进水过程中，如果使用的是外源水，一定要过滤并经常检查过滤装置是否完好，以防止敌害生物的进入。二次消毒：进水后，如果使用的是外源水，则需对该水体进行二次消毒（此过程可以使用碘制剂或二氧化氯等），以防止外源水域中的病原微生物在池塘中大量繁殖。如果是深井水，则可以省略此步骤。补充微生物：消毒 24 小时后向虾塘中（尤其是池底）开始大量补充活菌制剂，这样既能控制病原菌的繁殖，又能增强池底的自净能力。

● 3. 水色的培育 ●

在水质培养早期，好多池塘因为水质清瘦，透明度过高而引起青苔等丝状藻类大量繁殖，为了避免此种情况发生，我们应该在补菌之后尽快肥水。经常检测水体理化指标，如有不合适的水质指标需尽快调整，以确保在放苗前保证该水体能够达到投苗要求。

放苗前 8~10 天，进水口安装 60~70 目的筛绢袖形网，排水口安装 40 目的筛绢平板网。进水 60~80 厘米，培养有益生物群落。主要措施是施用肥料，每平方米施尿素 5~6 克，过磷酸钙 1.52 克。以后每隔 3~4 天施肥一次，用量为首次的 1/3。另外引入有益种菌，首次施肥后 2 天，每平方米加入高浓度光合细菌 5~8 毫升，经过 7~8 天的水质培养，池水透明度在 25~30 厘米，水色呈黄绿色或黄褐色，说明池塘中已有丰富的饵料生物，这时可以进行放苗养殖。

培水的期间最好每天（晴天）中午开启一台增氧机以保持水质稳定，培水过程中，不要向池塘中泼洒未经发酵的有机肥料或有机物（如豆浆、豆粕）等，否则浮游动物会过快繁殖而导致水质恶化。

● 4. 养殖用水的盐度处理 ●

纯淡水养殖需进行池水盐度的处理，方法有如下几种：

第一种，纯淡水池塘需提高水体盐度（可加海水精，用量一般为海水精 4~5 千克/立方米），使盐度达 5‰，如不加海水精而是加盐，还须加海水素（海水去盐后各种营养成分即为海水素），这样放养后可大幅度提高养殖成活率。第一次水位达 50 厘米后，以后每天加 5 千克左右淡水，同时注意水色与酸碱度的调整，要求 pH 值大于 8。

第二种，用高浓度卤水加地下水、井水、稻田水等对成所需的盐度水。

第三种，放海水彻底消毒，然后逐渐加淡水（在淡水中病毒成活少）。

三、虾苗的选择和淡化标准增粗

● 1. 虾苗选择标准 ●

南美白对虾虾苗要选择健壮活泼、体节细长、大小均匀、体表干净、肌肉充实、肠道饱满、对外界刺激反应灵敏、游泳时有明显的方向性（不打圈游动）、躯体透明度大（肌肉不浑浊)、全身无病灶(附肢完整、大触鞭不发红、鳃不变黑)等者。最有效的办法是抗离水试验:从育苗池随机取出若干尾虾苗,用拧干的湿毛巾将它们包埋起来,10分钟后取出放回原池,如虾苗存活,则是优质虾苗,否则是劣质苗(图3-12)。

放养优质的虾苗是提高养虾成活率及高产的重要保证。放养南美白对虾的规格最好是2厘米以上,一般为1~1.2厘米,此时的虾苗对外界环境的适应能力较强,养成的成活率高,太小养成的成活率较低。例如规格0.6厘米时成活率只有35%左右,达不到高产高效的目的。如果放养2厘米左右的虾苗,养成成活率可达85%左右。

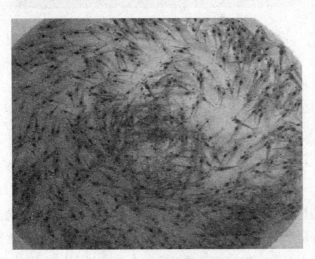

图3-12 逆游较好的虾苗

●2. 虾苗试水●

虾苗在淡水池塘中放养,首先要试水。方法是放苗前2~3天,在淡水池中设置体积1立方米的40目筛绢网箱,四周

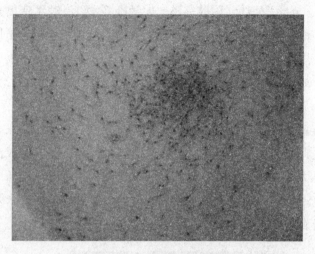

图 3-13　逆游较差的虾苗

用竹竿插固后，在网箱中放入虾苗 30~50 尾，2 天后检查，如果成活率在 90% 以上，说明淡水池塘的水适合虾苗生长，可以放养虾苗（图 3-13）。

● 3. 淡化标准增粗 ●

虾苗中间培育又称虾苗淡化标准增粗，是将从育苗室购买的小虾苗培育成较大的虾种（大苗即增粗）。从南美白对虾育苗场买回的虾苗，不经淡化到一定标准直接放入淡水池塘中养殖是不会成功的，虾苗会全部死亡。为此可在淡水池塘边建水泥池，用于虾苗的淡化。在育苗场直接淡化最理想，但育苗场有时不愿将虾苗淡化到盐度 5‰ 以下，而只将虾苗淡化到盐度 10‰ 左右，因淡化需要占池子和花时间，会影响虾苗场的育苗生产；而且在淡化过程中会损失一些虾苗，育苗场出于自己的利益，也不愿意在育苗场淡化。因此，虾苗买回来以后养殖者需要进行淡化，使虾苗从盐度10‰左右淡化到盐度1‰左右。在淡化期间，一方面将盐度降下来，另一方面可淡化培育较大规格的虾苗，这就是所谓"标准增粗"。虾苗从0.8~1厘米培育到2厘米左右，标准时间为15天左右。淡化后的虾苗一方面已能适应淡水环境，另一方面个体较大，成活率较高，此时再放入淡水池塘中进行养殖效果较好。

（1）淡化标准增粗设施。

①淡化标准增粗池：包括养殖池和集苗池，一般为水泥结构，以便于管理和收苗。单池有效水体为50~100立方米，长方形，长宽比为2:1或3:1。池水深度为1.2米。池壁设计高度比池内水面高出0.2米左右。育苗池一般用砖石砌成，或采用钢筋混凝土结构，表面用100号水泥浆抹面。砖墙厚24厘米，池内壁应做5层防水抹面，表面应平整光滑；转角应为圆弧形，圆角半径应大于5厘米；池底有排水孔，排水坡度应大于2%。淡化标准增粗池可以建在室内，也可以建在室外。在池旁边应设有集苗池。集苗池长1.2米，宽1米左右，池底标高应比育苗池出苗管中心标高低0.4米。集苗池应设有与出苗池贯通的排水管（沟），其管径不应小于250毫米，坡度为0.3%~0.5%。

淡化标准增粗池应设排水管和换水管：管径为50~100毫米。淡化标准增粗池排水管兼作出苗管，管径不宜小于100毫米，与集苗池相通。为避免出苗口池水压力太大，在距池底0.3~0.5米处设第二出苗管，也与集苗池相通，最好都设阀门控制。换水管内接换水网箱（滤水器），外通排水沟。充气设备可以用罗茨鼓风机或微型空气压缩机。充气的主要作用是改善水质，使幼体不致沉底，形成立体培养效果，使饲料呈悬浮状，提高其利用率。充气系统主要由送风设备、输气管、散气石组成。

②淡水过滤系统：分为沙过滤和网过滤两种。网过滤为150~200目的尼龙筛绢网，淡水先经沉淀再用网过滤，其优点是简便，流速快，成本低，可滤去一些敌害生物，保留淡水中的单胞藻类。缺点是过滤不彻底，不能除去病原体和有害的原生动物。沙过滤方式是采用沙滤池、沙井过滤、反冲式沙滤器。

③供电系统淡化标准增粗期间：要求不间断的供电。无法保证电力供应的地方需配备两组以上电机，以保障供电正常。机组功率视淡化标准增粗池的多少而定，一般 8~80 千瓦，应为额定用电量的120%。

④增温系统：如果在北方或计划提早放养大规格苗种养殖，要加设增温系统。加温可以用锅炉，也可以用电加热棒。如果温差较大，需要的热量较多，则需用锅炉；如果升温不大，需要的热量不多，则用电加热棒。

（2）淡化标准增粗操作。

①淡化用水的预处理：南美白对虾苗种淡化培育过程中，自净能力和免疫能力较差，极容易受到水中悬浮物、病原体以及其他有害物质的侵害，导致死亡。因此，苗种淡化用水必须经过严格的沉淀、消毒、过滤、去除有害物质等预处理过程，以保证淡化用水的清洁无毒无害，符合育苗用水要求。

苗种淡化前，先将淡化用水注入沉淀消毒池，用 30 克/立方米的漂白粉进行消毒，沉淀曝气一星期以上、待水中余氯散尽后，再将经沉淀消毒后的水通过沙滤池过滤后注入蓄水池待用。蓄水池中的水在使用前要经过检测，若余氯、氨氮、亚硝酸盐含量超标，通过曝气和泼洒光合细菌将其去除。

②充气增氧：南美白对虾苗种淡化培养，对水中溶氧的需求量较大，而且此时的苗种运动能力还不是很强，容易出现扎堆上浮等现象。因此在配置增氧设备时，不但要保证稳定充足的供气量，使水中溶氧保持在 5 毫克/升以上，还要使充气点在池底均匀分布，保证池水都处于运动状态，没有死角，避免虾苗在死角处大量聚集，造成局部缺氧。

苗种淡化培育过程中，使用罗茨鼓风机供气，配套功率为 0.02~0.03 千瓦/平方米，并配有同等功率的备用机。鼓风机产生的气流通过淡化池底部呈"目"字形排列的 PVC 管，使用散气石充气，每天 24 小时开动鼓风机。

③苗种投放：淡化前苗种原生活水体的盐度相对较高，且苗种到场前经过长时间的运输，体力消耗很大，抵抗力和抗应激能力下降。因此放苗时初养水体的温度、盐度、pH 值等理化指标应调配到与苗种原生活水体基本一致，减少放苗时的应激反应。减少单位面积的育苗量。

在苗种到达的前一天，与苗种供应方进行沟通，掌握苗种原生活水体的温度、盐度、pH 值等理化指标，并提前将初养水体的理化指标调配到与苗种的原生活水体基本一致。苗种到场后，在放入淡化池前要测定氧气袋内和淡化池的盐度和温度，要求两者的盐度和水温相近，如淡化池的盐度高于装运过来氧气袋内的盐度则立即加入淡化，直到盐度相同或略低于袋内盐度。放苗时不能急于把苗快速放入塘内，应先把氧气袋放入池内浮于水面，过一刻钟后解开密封带，把池水慢慢倒入袋内，使袋内的水与池水慢慢混合，降低袋内虾苗的应激反应，每袋混合时间最好在 1 分钟以上。要随机抽取 1~2 袋苗种进行计数，以准确掌握放苗数量，控制放苗密度在 10 万~15 万尾/平方米。

④淡化处理：南美白对虾苗种的淡化培育过程中，要控制好淡化、投饵的进度和速度。速度太快，超出虾苗自身调节的能力，就会造成虾苗死亡。速度太慢，淡化时间延长，不但增加成本，而且水质容易恶化，引发疾病或死亡。技术人员根据实际情况，制定合理的淡化目标，以保证在 7~10 天内完成全部的淡化过程。制定淡化目标时，应遵循"前快后慢"的原则，但一天内盐度的变化最多不能超过2‰。淡化一般在白天进行，日落前完成淡化。

苗种放养后每天 24 小时开动增氧泵，经一天的稳定培养，确保苗种体力基本恢复后，第二天就可以投喂虾片、卤虫等人工饵料，在虾片中加入 3%~5% 的微生物活饵料（酵母菌、光合细菌等）拌投。每昼夜投喂 6~8 次，控制好每次投喂量，以虾苗 1.5 小时内吃完为宜，投饵时不淡化，淡化时不投饵。第三天可以加入少量淡水进行淡化，控制好淡水的进水速度，完成当天淡化目标，尽量延长当天的淡化时间，减少虾苗的应激反应。每天淡化开始前 1 小时，全池泼洒 0.5~1 克/立方米的可溶性维生素 C 和 1~2 克/立方米的葡萄糖，以提高虾苗的抗应激能力。为促进脱壳虾苗的甲壳硬化，加快虾苗的体力恢复，每天淡化完成后，及时在全池泼洒离子钙制剂，补充水体中的钙元素。在整个淡化过程中，不使用其他任何药物。经 7~10 天的淡化和培育，淡化池水盐度和

第三章　南美白对虾的成虾养殖

养池水盐度接近后（养池水盐度在 1.5‰~2.3‰），再稳定 1~2 天，虾苗规格可以达到 2 厘米以上，此时便将虾苗放入淡水池塘中养殖（图 3-14、图 3-15）。

图 3-14　投苗时浸泡以适应温度

图 3-15　圈围对应盐度区应逐步淡化

四、虾苗的放养

放苗应选择晴天上午或傍晚。放苗地点应选择上风水较深的地方，避免下风放苗，虾苗被风吹上浅滩而干死。放苗时脚不要踏泥搅混池水，保持水体洁净，虾苗入池就会慢慢向深水中游散，要是第二天就在对岸出现，这样的虾苗成活率较高。

每 1 000 平方米放养体长 2 厘米左右的南美白对虾虾苗 3 万~3.5 万尾，即每亩放虾苗 2 万~2.5 万尾。虾苗放养前先用福尔马林溶液消毒 2~3 分钟，再放入池塘。

五、饲养管理

饲养管理的好坏，直接关系到南美白对虾养成成活率、产量和经济效益。在南美白对虾养殖期间，一定要加强饲养管理，精养、细管是养虾高产稳产的关键。南美白对虾不耐低氧，容易浮头。因此，要加强水质管理，保持水质清新，溶氧充足，要求水体溶氧量保持在 5 毫克/升以上，透明度在 25~40 厘米为宜。所以，在南美白对虾的整个养殖过程，对池塘水质、饲料、日常工作要进行科学的管理。

● 1. 巡塘观测 ●

养虾管理人员应每日凌晨及傍晚各巡池一次，观察虾池的水色变化和对虾的活动、生长及健康情况，及时开动增氧机，测定池水的 pH 值、氨氮、亚盐等，防止敌害如鼠、水蛇进入。发病虾池要及时隔离，病虾或死虾应及时捞出掩埋。每 10 天用撒网在池内多处取样，了解池塘内虾的存活情况。将捞取的南美白对虾进行生物学测定，每次测定 50~100 尾，量体长，称体重，观测虾体的颜色及胃的饱满度，以便了解病害情况及摄食情况，以确定下一个 10 天的投饵数量。

虾塘巡塘观测期间需要构建、完善虾塘档案。虾塘档案包括虾池消毒及药物使用情况，虾苗放养数量、质量，饲料投喂情况，水质管理情况，养虾期间水温、透明度、pH 值的测定等。当出现问题时，可根据这些记录全面分析，找出原因，采取相应措施，为今后制订生产计划作参考。

（1）温度。当日气温和养虾池水温，每天 7：00 和 14：00 时各测定 1 次。

（2）水质。养虾池的水体透明度和 pH 值，每周测定 1 次，7：00 测定。

（3）溶氧量。每天 7：00 测定 1 次。

（4）生长情况。每 10~15 天检查测定 1 次，每次随机抽样 30~100 尾，测量其全长（自额角顶端至尾节末缘）、体长（自眼眶后缘至尾节末缘）、体重，分别雌、雄。同时观察虾胃的饱满度，了解摄食情况，调节饵料投喂量。

（5）营养盐。每 15 天测定 1 次，分析磷酸盐、亚硝酸盐、氨氮、硫化氢的含量。

● 2. 水质调控技术 ●

（1）常规水质理化指标及其调控方式。养殖南美白对虾池塘的水源要求水量充足、水质清新无污染，水质物理和化学特性要符合国家渔业水质标准。南美白对虾养殖的水质标

图 3-16　饵料台观察对虾摄食生长情况

准：溶氧量要保持在 4 毫克/升以上，pH 值应保持在
7.5~9.0，日变化幅度不得超过 0.5 个单位，氨氮应保持在
0.02 毫克/升以下。

①溶解氧：水体中的溶解氧在空间上（垂直）分布。白
天表层水中溶氧多，饱和度可达 200% 以上；底层水中溶氧
少，饱和度为 40%~80%，甚至更低；中层水中的溶氧随深度
增大急剧减少，形成一个"跃变层"。晚上，特别是下半夜，
溶氧浓度不断下降，垂直分布趋于均一。水体中溶解氧的含
量直接关系到水产动物的生存与繁殖，南美白对虾所需的溶
解氧在 5~8 毫克/升，最低 4 毫克/升以上。保持水中足够的
溶解氧，可抑制生成有毒物质的化学反应，转化和降低有毒
物质（如氨、亚硝酸盐和硫化氢等）的含量。轻度缺氧南美

白对虾虽不至于死亡，但会出现烦躁，呼吸加快，生长速度减慢；如溶氧过低，将减弱南美白对虾的吃食量和代谢能力，降低生长速度，甚至出现停止吃食或造成缺氧死亡。

在南美白对虾的养殖过程中，随着虾体的增长，对水中溶氧量的需求量也越来越大，因此在养殖前期视水质状况采取间歇性开启增氧机，以后随着虾的生长逐渐延长开启增氧机的时间。精养池和高密度高产养殖池，到养殖的中后期必要时需 24 小时开机，以保证池水溶氧量在 5 毫克/升以上，池塘底层溶氧量在 3 毫克/升以上，最低不能低于 1.2 毫克/升。所以，要购置水质快速测定仪，随时监控池水的 pH 值、溶氧量、氨氮等变化。

通常每 3~5 亩池塘配备 1 千瓦的水车式增氧机 1 部。增氧机除了增加水体中的溶解氧外，还能促进有机物的分解，同时水的搅动也有利于池内有机碎屑、粪便、藻渣、残饵的集中，增加虾的停留、索饵空间，便于虾类均衡摄食。

一般情况下，放苗以后的 30 天内，每天开增氧机 2 次，分别在 12：00—13：00、17：00—18：00。放苗后 30~60 天，要延长开增氧机的时间，并增加开机次数，每天开增氧机 3 次，分别在每天的黎明开增氧机 2~3 小时，12：00—14：00 和 17：00—19：00 各开机 2 个小时。养殖 60 天到收获阶段，由于对虾总重量的增加，每天排泄的粪便增加，水体自身污染加重，基本上要全天开增氧机，以保证水体中溶解氧达到 5 毫克/升以上，有利于对虾的呼吸和生长。

南美白对虾缺氧浮头、死亡之前都有一定的征兆，只要细心观察，都能及时发现，果断采取措施，就可以避免南美白对虾浮头死亡事故的发生。灾难性的缺氧浮头在南美白对虾养殖中、后期极易发生，可使全部投入、养殖成果毁于一旦。密度愈大、长势愈好、产量愈高的虾塘，浮头泛塘的风险愈大。

②pH 值：pH 值是养殖水体的一个综合指标，水体中的 pH 值会随着水的硬度和二氧化碳的增减而变动。浮游植物的光合作用，消耗池中大量二氧化碳，导致池水 pH 值升高，而生物的呼吸作用和有机物分解，又会产生二氧化碳，同时微生物的厌氧呼吸会产生有机酸，这些都会降低池水的 pH 值。因此，一个池塘的 pH 值在一昼夜有明显的波动，池塘中 pH 值通常随着日出逐渐上升，至下午达到最大值，接着开始持续下降，直至翌日日出前降至最小值，如此循环反复。因此池塘中下午的 pH 值一般高于上午。

虾塘 pH 值会因藻类要进行光合作用大量消耗二氧化碳，导致水中的重碳酸盐分解，产生二氧化碳和氢氧根离子，消耗酸性物质，使得 pH 值升高。一般情况下，水越肥，pH 值越高，pH 值过高可能导致南美白对虾鳃部腐蚀，使南美白对虾失去呼吸能力而死，而 pH 值升高的同时，氨氮的毒性也跟着增大。因此虾池水中的 pH 值一般需控制在 7.5~8.5。

pH 值可通过泼洒生石灰水来调节。放养虾苗 1 个月后，每月向虾池泼洒 1 次生石灰，每次用量为 10~15 毫克/升，对水全池泼洒，使虾池水质呈微碱性，同时增加水中钙质，促进南美白对虾蜕壳生长。水质偏酸性的养虾池，则要多施放生石灰，每 10~15 天泼洒 1 次，用量同上。

③氨氮水体中的氨氮是非离子氨和离子铵的总量，水体

中的氨对水生生物构成危害的主要是非离子氨（分子氨 NH_3）。分子氨极易溶于水，形成 $NH_3 \cdot H_2O$，并有一部分解成离子态铵 NH_4^+（无毒）。鉴于 NH_3、NH_4^+、OH^- 三者之间的平衡关系，因此氨的毒性较大程度上取决于 pH 值以及总氨浓度，另外，温度也决定非离子氨在总氨中所占的比例，一般而言，随 pH 值及温度的升高，非离子氨比例也增大。

水产养殖中氨氮的主要来源是沉入池底的饲料，鱼、虾、蟹排泄物，腐烂水草、肥料和动植物死亡的遗骸。

一是水体中氨氮可以通过硝化及反硝化作用转化为 NO_3-N 或以 N_2 形式散逸到大气中，部分可被水体植物消耗和底泥吸附。只有当池水中所含总氮大于消散量时，多余总氮才会积累在池水中，达到一定程度就会使鱼、虾、蟹中毒。

二是 NH_4^+ 是浮游植物的肥料，几乎所有藻类都能迅速利用它，而它主要由有机物在细菌作用下分解产生，但硝化作用消耗溶氧，特别是非离子氨，对南美白对虾有较强的毒性，即使浓度很低也会抑制生长，损害鳃组织，加重病害。

三是一般池塘中氨氮浓度不超过 0.2 毫克/升，低于 0.05 毫克/升说明水质比较瘦，需要及时追肥，培养优质生物饵料；高于 0.3 毫克/升，则可使用芽孢杆菌类的生物制剂降低氨氮含量。

在水产养殖过程中，我们经常碰到池塘中氨氮过高的问题，在高密度精养池塘中这个问题更加严重，给养殖造成了一定的危害。

氨氮对水生动物的危害有急性和慢性之分。

慢性氨氮中毒危害为：摄食降低，生长减慢；组织损伤，降低氧在组织间的输送；鱼和虾蟹均需要与水体进行离子交换（钠，钙等），氨氮过高会增加鳃的通透性，损害鳃的离子交换功能；使水生生物长期处于应激状态，增加动物对疾病的易感性，降低生长速度；降低生殖能力，减少怀卵量，降低卵的存活力，延迟产卵繁殖。

急性氨氮中毒危害为：水生生物表现为亢奋、在水中丧失平衡、抽搐，严重者甚至死亡。

（2）水质在线监测系统的研究与应用。

①常规水质自动监测系统：目前常用的水质自动监测是以在线式自动分析仪器为核心，运用传感器技术、自动测量技术、计算机应用技术以及相关的专用分析软件和通信网络组成的一套在线监测体系。与常规方式相比，水质自动监测技术及装置有很多优点，但仍存在很多问题。

一是在热带亚热带地区曝晒高温、潮湿、水环境腐蚀严重的室外对虾养殖池塘环境下，水质自动监测系统适应恶劣环境的能力差、设备故障率高、运行稳定性差、或者建设费用过高导致不宜大范围安装应用。

二是设备自动化程度低，系统组网技术单一，监测的参数少、实时性差，难以实现远距离的数据传输，不能有效对水质状况进行全天候在线监控。虽然国外的一些发达国家有一部分先进的无线传感器网络监控系统，但由于南美白对虾养殖环境、设备和技术成本等原因，并不适用于我国的实际情况。

三是传统的水质监测系统无法和新型南美白对虾养殖技术相匹配，高位池地膜技术、海水提纯技术等新型养殖技术的出现对于传统监测技术来说是一场挑战,只有不断地更新水质监测技术才能跟上养殖技术的发展。

②基于物联网的养殖在线监测系统:物联网是新一代信息技术的重要组成部分。所述的物联网是指通过信息智能感知设备、按约定的协议,把物体与互联网相连,进行信息可靠交换和传输,以实现对物体的智能化识别、定位、跟踪、监控与管理的一种泛在网络。

和传统的互联网相比,物联网有其显著特征。首先,它是各种感知技术的广泛应用。物联网上部署了海量的多种类型的智能感知设备,智能感知设备能够按一定的频率和周期实时采集环境信息,不断更新数据。其次,它是以互联网作为重要基础与核心,建立和发展起来的一种泛在网络。此外,物联网不仅提供人与物体的连接功能,还具有智能信息处理能力,能够对物体实施智能控制,在具体应用中比互联网具有较大优势。

(3)水质的调控。在生产上水质指标可通过采用水质测试盒等手段进行检测得知,从而采取一些必要措施,对水环境进行有益、及时的调控。水质调控技术可归纳为物理调控、生物调控、化学调控等三类。

①物理调控:一是清淤晒底。冬季抽干池水,彻底清淤消毒,日晒风冻1个月左右。清淤后的塘底经冻后土质变松,再经太阳曝晒,不仅有利于杀灭病原体和敌害生物,而且使底质养分容易释放,改善水质,改善南美白对虾的生存环境。清淤过程中,不宜将淤泥全部清除,应该保留10~15厘米厚度的淤泥,以利于来年开春肥水。

二是定期更换新水。适时注换新水对保持良好的水质、补充溶氧起到较大作用。定期注入新水可将原来池塘里的有害物质稀释，从而达到改善水质的效果，也是养殖业经常采用的方法。换水应根据天气、温度、水位和水质状况灵活掌握。高温季节，通常每 3~4 天换水 1 次；水温低时，7~10 天换水 1 次；天气闷热时，坚持天天换水；每次换水量一般占池水总量 1/5 左右。如果水质过肥，可用潜水泵抽去部分底层水，及时补加适量的新水。当天气突变时，要及早加水达到一定的深度。

三是水位调控。在养虾过程中，开始时由于气温、水温较低，为了提高水温，水位较浅，水深 0.6~0.8 米。放苗半个月后，要逐渐加深水位，每 10~15 天加注新水 1 次，前 2~3 次每次加水 10~15 厘米，以后每次加水 15~20 厘米，夏季高温要加至最高水位。加水时注意水源水质要清新，用 40~50 目的密网过滤进水，防止野杂鱼虾及卵块随注水进入虾池。在饲养中后期，特别是高温季节，由于投喂饲料多，虾体新陈代谢旺盛，容易发生水质过肥，此时要经常换水。在注入新水前，先排水 10~20 厘米，以减少池塘有机耗氧量。如果水质太肥，则要增大换水量，每 5~7 天换水 1 次，先排水 20~30 厘米，再进水 30~40 厘米。

四是应用机械装置。除了上述基本方法外，还有一些应用机械装置来调节水质的措施。主要是利用增氧机和水质改良机。

水质改良机，是一种翻喷淤泥的机械装置，由人工牵引操作，在翻喷淤泥过程中释放淤泥中的营养物质，能起到一定的施肥作用，有提高磷酸盐含量、浮游生物量和降低氮磷比等多种功能。

增氧机，是利用气体转移理论，依靠单纯物理机械方式增氧。利用氧气在向水体溶解过程中的物理特性，通过机械、人工或其他手段的作用，提高氧气向水体溶解的速率，增加水体中的溶解氧，是目前应用最广泛的一种增氧方式。

充气式：又称为扩散式，它是将空气或制备的纯氧通过散气装置释放为微小气泡，小气泡在上升过程中与水进行传质，使得氧慢慢地溶解到水体中，成为溶解氧。这种方法在工厂化养殖中应用的比较多。如目前的微孔增氧技术，就是采用底部充气增氧办法，增氧区域范围广，溶解氧发布均匀，增加了底部的溶解氧，加快了对底部氨氮、亚硝酸盐、硫化氢的氧化，抑制底部有害微生物的生长。可造成水流的旋转和上下流动，将底部有害气体带出水面，改善池塘水质条件，减少疾病的发生。微孔增氧具有节能、低噪、安全、增氧效率高等优点。

机械式：它是利用机械动力，增加水体和空气的接触面积，使得水体与空气充分接触，从而促使空气中的氧溶解入水中，以达到增氧的目的，在池塘养鱼中大量使用的叶轮式增氧机、水车式增氧机就属于这种类型。

重力跌水式：它是通过自然重力跌水溅起的水花，增加水体与空气接触面积，从而达到增氧的目的。这种方法常常在流水养殖中看到。

使用增氧机可通过增加溶解氧和造成上、下层水对流来散发有毒气体，从而起到改良水质的作用。增氧机一般晴天中午开，阴天下午或次日清晨开，阴雨连绵时应在半夜开。

②生物调控：利用微生物或水生动植物来处理水质。

一是微生物制剂。微生物制剂是人们根据微生态学原理，运用优势菌群，对有益微生物菌种或菌株经过鉴别选种，大量培养，干燥等系列加工手段制成的，它具有降低水中及生物体内溶解有机物的含量，防止有害物质如氨和胺的生产，改善水体和体内环境，调节养殖水体内的微生态平衡，净化水质，提高饲料转化率，促进生长，最终达到提高养殖品种健康水平及改良养殖环境的目的，而且微生物制剂具有无残留、无耐药性、无污染等副作用，它在一定程度上可部分替代或完全替代抗生素，为无公害水产品的生产创造条件。作为水产动物微生物制剂的主要菌种有光合细菌、酵母菌、乳酸菌、硝化细菌、芽孢杆菌等。以复合型产品为主，如EM菌。

微生物制剂的使用方法应注意以下步骤。

培水：在虾苗放养前10天左右，用EM菌原液100倍稀释液均匀泼洒池塘，净化环境。放苗前3天，再用EM菌稀释液泼洒水面，使水中的有益微生物种群形成优势种群，有利于虾苗下塘就能适应生长。

调水：一般情况，每半个月用EM菌原液稀释后全池泼洒，具体视水质情况调整泼洒时间和用量。

拌喂：每隔10~15天，用EM菌原液100~200倍稀释液喷洒饲料，稍加拌和使其均匀后，马上投喂。

改底：当虾池底发生恶化时，每亩可施用5千克的光合细菌配合沸石粉30千克，情况严重的可施用2次。pH值偏高，可施用降碱菌（醋酸菌及乳酸菌制剂）；水色发红、发白、发黑，可先施用二氧化氯，3 小时后加水，下午施用沸石粉、晚上开动增氧机，3 天后施用枯草芽孢杆菌；抑制丝状藻，每亩施用 5 千克的光合细菌，再施用单细胞藻类生长素快速肥水。

使用时注意严禁与抗生素、消毒杀菌药或具有抗菌作用的中草药同时使用；水体使用消毒剂 5 天后才可使用，使用抗生素 3 天后才能使用。

二是放养一定数量的滤食性鱼类。花白鲢等鱼类可滤食水体中的浮游生物，进而降低池水浓度，其目的主要是控制池水浓度。放养量一般以亩产成鱼 50 千克左右为宜。

三是种植水生植物。在池塘中种植一些水生植物，通过植物从淤泥和水体中吸收无机养料如氨氮、亚硝酸盐、磷酸盐等，从而改善水体的理化条件和生物组成，调节水体平衡，净化水质。在池塘中种植的沉水植物品种主要有轮叶黑藻、苦草、伊乐藻等，以轮叶黑藻与伊乐藻为最佳，苦草次之。浮水植物主要为水花生、水葫芦。采用复合型水草种植方式进行水草种植。

③化学调控：即化学方法。利用化学作用，增氧或用以除去水中的有害物质。通常加化学药剂促使有害物混凝沉淀和络合。常用的化学物质有生石灰、明矾、二氧化氯、沸石粉等。

使用增氧剂。主要用于缺氧浮头时的急救，高密度养殖中的增氧。常用的增氧剂为过氧化钙、过碳酸钠等。

投施磷酸二氢钙。磷酸二氢钙易溶解于水，不但可调节水质，而且南美白对虾可直接通过鳃表皮及胃肠内壁吸收，可相应加快南美白对虾蜕壳速度，对促进南美白对虾生长有较好的作用。一般每月1次，每次每亩施2千克左右，与生石灰交替使用。

泼洒生石灰。石灰的主要作用是增加池水的缓冲能力，调节 pH 值和杀菌。应注意以下几点：一是当池水 pH 值降至7.5 以下或大雨过后使用熟石灰 5~10 千克/亩。二是 pH 值日波动大于 0.5 或养殖前期 pH 值大于 9，后期在大于 8.5 或池水透明度大于 80 厘米，施用生石灰 10~20 千克/亩。三是虾池消毒和提高 pH 值使用生石灰 50~200 千克/亩。四是使用消毒剂。主要是杀灭对养殖对象有害的微生物，降低有机物的数量。常用的消毒剂有漂白粉、漂白精、二氧化氯。五是使用混凝剂。水中的悬浮物质大多可通过自然沉淀去除，而胶体颗粒则不能依靠自然沉淀去除，在这种情况下可投入无机或有机混凝剂，促使胶体凝聚成大颗粒而自然沉淀。如沸石粉（主要成分为二氧化硅和三氧化二铝）。

沸石粉主要功能是利用其极强的离子吸附性和交换性以吸附池塘底部的氨氮、硫化氢、二氧化碳等有毒代谢物质，从而达到净化底质环境、调节水中的 pH 值、控制水质的稳定、降低池水有毒物质的浓度及中毒程度等功效。特别中后期使用效果更好。

使用方法干粉均匀施撒。晒塘时 80~100 千克/亩，放养前、中期（1~2 个月）每月 1~2 次，每次用量 80~200 千克/亩，后期（3~4 个月）每 10~15 天一次，用量 80~200 千克/亩。

（4）水色的调控。虾池水体水色和透明度是反映水体中浮游生物种类组成及数量的一个最直观的指标。当绿藻和蓝藻大量繁殖时，池水呈绿色或深绿色；硅藻大量繁殖时，池水呈黄绿色或黄褐色；裸藻大量繁殖时，池水表层形成水华，池水表层呈铁锈色；甲藻大量繁殖时，池水呈茶褐色或黄褐色。透明度同时反映浮游生物的密度，当浮游生物大量繁殖时，透明度小于30厘米，便会出现浮头死虾的危险。如果透明度突然由小变大，也是一个不祥的预兆，多是浮游动物大量繁殖，浮游植物被吃光或者浮游生物大量死亡的缘故。所以，透明度过高或过低，均是浮头死虾的预兆（图3-17、图3-18）。

图3-17　绿裸藻引起的水华

养殖南美白对虾理想的水色是由绿藻或硅藻所形成的黄绿色或黄褐色，这些绿藻或硅藻是池塘微生态环境中一种良性生物群落，对水质起到净化作用。因此，在养殖过程中要有意识地调控这一理想水色。目前最常规的方法是在池水中按比例施放氮肥和磷肥，如瘦水池塘早期施放有机肥，追肥

图3-18 红裸藻引起的水华

量视池塘水质透明度、pH值、水色等灵活掌握，每星期追肥一次。到养殖中后期由于残饵及虾的排泄物增多，一般水色变深，此时应采取适量换水或施用一定的沸石粉或生石灰来控制水色的措施（图3-19、图3-20、图3-21、图3-22）。

图3-19 甲藻引起的水发红

养殖前期及中期一般不换水，前期每天添加3~5厘米水，直到水位达1.6米，并保持水位。养殖中、后期，根据透明

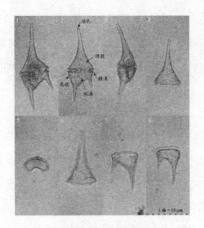

图 3-20 甲藻

图 3-21 绿藻水（好的水色）

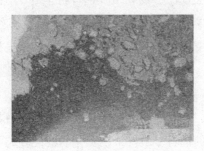

图 3-22 硅藻水（好的水色）

度及藻相变化，如透明度低于 20 厘米，或高于 50 厘米，均需酌情换水；采取少换或缓换的方式，将水缓慢加到池塘水的上层；日换水量控制在 5~10 厘米，并同时加入生石灰，每亩 10~15 千克，调节水的 pH 值，同时可消毒，一般 20 天施一次生石灰。

在养虾池中施放有益微生物，如光合细菌、EM 生物活性细菌等，能及时降解进入水体中的有机物，如动物尸体、残饵等，减少有机耗氧，稳定 pH 值，同时能均衡地给单细胞藻类进行光合作用提供营养，平衡藻相和菌相，稳定池塘水色。养殖过程中，一般每 20 天施用高浓度的光合细菌一次，添加量为每立方米水体 3~4 毫升，施放光合细菌的时间可安排在虾池消毒后 3 天进行，一则可以避免药物的毒杀，二则可以在施药后很快建立起适合虾类生长的微生物生态平衡。

● 3. 饲料投喂 ●

半精养的池塘一般投喂廉价的冰鲜鱼浆或小贝类，也投一些配合饲料，配合饲料可人工配制，配合饲料成分含鱼粉 17%，豆饼 40%，麸皮 28%，次粉 10%，骨粉 3%，添加剂 2%。

南美白对虾对饵料蛋白质要求不太高。养殖南美白对虾的饲料系数一般为 1.4。饲料的颗粒大小应该根据虾的不同生长阶段来选择，颗粒过小或过大均会造成不必要的浪费，从而引起饵料系数的上升。养殖前期选用粒径 0.05~0.5 毫米的颗粒饲料，中期选用 0.5~1.5 毫米的饲料，后期选用 1.5~2.0 毫米的饲料，最好采用膨化的沉性颗粒虾料。投喂时采用分散投喂方法。

投饵量应根据虾的大小、成活率、水质、天气、饲料质量等综合因素而定，但实践生产中经验也非常重要。养殖中期（虾体长 3~10 厘米），日投饵量为虾湿重的 6%~8%；养殖后期（虾体长 10 厘米以上），日投饵量为虾湿重的 4%~5%。虾体生长越大，投喂的比例越小。养殖前期每天分 2 次投喂，投喂时间分别为 7：00、19：00；养殖中期投饵 3~4 次，投喂时间分别为 7：00、19：00、23：00；养殖后期分 4~5 次投喂，投喂时间分别为 7：00、12：00、19：00、24：00，晚间投喂量占日投饵总量的 50%。投喂方法为沿池均匀投喂。

为了便于随时调整投喂量，可以通过饲料台检查以投饵后 1 小时内吃完为宜；或投喂 2 小时后，随机捞取 80~100虾，以饱胃率 70%为基准来增减饵料。并掌握以下原则：对虾大量蜕壳时少喂，蜕壳后多喂；阴雨天少喂，晴天时多喂；水色好时多喂，水色不好或水色变化时少喂。池塘中南美白对虾存塘数量是投饵的主要依据。所以，较准确地估算池中南美白对虾的数量特别重要，估算池中南美白对虾存塘数量的方法通常有以下 3 种。

（1）抬网取样法。一般在傍晚 18：00—19：00 进行，将小抬网放在池底 5 分钟左右，提起抬网，根据抬网内的虾数和抬网的面积求出全池的虾数。此法较适用于 4~6 厘米的小规格南美白对虾。

（2）旋网取样法。根据池塘地形、面积比例撒网捕虾，依网口与池塘面积之比，再乘经验系数，即可求出全池南美白对虾的数量。经验系数是上年该池以旋网计算所得虾数除实际收虾总尾数所得的系数。此法相对较为准确。

虾存塘数 = 每网平均数 ÷ 旋网撒开面积（平方米）× 池塘

面积（平方米）×经验系数

（3）拖网定量法。用一个口宽 2 米的横拖网，从池塘的一侧拖到另一侧，用捕到的虾数乘以池塘面积与拖网面积之比，再乘以经验系数，便可求出全池的虾数。此法较适用于池底较平坦的小池塘。

六、实用捕虾技术

捕捞技术的高低一直影响南美白对虾的产量和其能获得的经济效益。适时起捕收获，是南美白对虾养殖既丰产又丰收的一个重要因素，收获的时间应根据南美白对虾的生长情况，水温气温的变化和市场需求，价格等因素来确定。在水温等条件允许下，养殖时间越长产品规格越大，价格越高。

● 1. 收获过程应把握几个环节 ●

（1）水温。是决定收虾的重要因素，养殖后期要注意冷空气到来时停捕，待冷空气过后气温回升时再捕，一般应在水温 15℃以上收完。

（2）捕大留小，逐步起捕。起捕一般用蜈蚣网，但蜈蚣网袋筒短网目小，小虾仍不能逃脱，最好在蜈蚣网后面加一个网笼，长方形，规格长 60 厘米，高、宽各 40 厘米，网目 1.5~2 厘米紧接在蜈蚣网袋筒后面来代替袋筒。有这样一个宽广的空间，一般 7 厘米以下的小虾就可以逃脱了，起到捕大留小的作用。

（3）要多备几个网具。根据市场需求和价格动态，价格好就适量多捕，反之少放少捕，机动灵活。

（4）蜕壳高峰时，要停捕。因此收获期间应该观察水面有否大量虾壳上浮，在大换水和施茶籽饼后会有一次脱壳高峰，2~3天后待新壳变硬后再起捕可增加30%的产量。

（5）收虾多在夜间进行。尤其是在日出、日落前后虾容易入网。

（6）高温天时捕捞要选择晴天。做到先增氧、后动网。同时动作要快，人员安排要充足，尽量减少捕捉时操作损伤。天气不好，或当寒潮侵袭、气温突降（超过5℃时）不能捕虾，在气温回升后再起捕。

（7）捕前停食或少饲。捕捞前一天应停食或减少投饲量，切忌为增加上市虾的体重而大量投喂精料。

（8）如水质突然变坏，也要尽快提早收虾。

（9）虾生长停滞时要突击捕虾。高产精养虾塘应采取轮捕的方法，当部分虾长到商品规格时就分疏起捕，分几次收获，使南美白对虾养殖达到高产高效的目的。

（10）捕捞之后的管理。捕后的池塘虾活动加剧，耗氧量增大，且在捕时搅动了池底淤泥、残渣，底部有机物翻起，加快了氧化分解速度，也大大增加了耗氧量，故而池水的溶氧会迅速降低，极易引起池虾缺氧浮头，需要及时加注新水或开动增氧机增氧，并可全池泼洒生石灰水消毒杀菌，改良和调节水质，以确保虾安全，谨防发生不测。2~3天后最好再使用些生物制剂调节好水质。在捕捞结束后可连续投喂3~4天药饵，可以用大蒜素或其他用于防病的中草药制剂（如"虾病康"）等配饵投喂。

（11）虾池里面的虾生长正常的。要根据池塘虾的存有量，确定适宜的具体捕捞量，一方面要达到稀疏密度的效果，另一方面也要避免捕捞过度影响产量。

（12）小批量上市可用地笼，大批量上市应用分段拉网捕捉。建议尽量采用地笼网诱捕，少用拉网起捕，以免对虾受伤和产生应激反应。要根据虾的大小选用合适的网具，起到捕大留小的目的。

●2. 小型池塘拉网新方法●

随着渔业增养殖业的飞速发展，不仅池塘养殖规模、养殖产量有了巨大提升，养殖品种也有了巨大变化。池塘拉网作业在渔业增养殖中必不可少，但每一次的池塘拉网都是对养殖动物的一次大考验，尤其是应激性强的品种在拉网后都会造成巨大损失。目前业界对于拉网作业的研究仍然比较少，已有的研究也多为渔具质地、改变拉网时间段等的改进，这并没有从根本上解决拉网的机械性损伤难题。经过多年的一线生产实践、深入研究，目前有一种新型的、低成本、高效率、高捕获率的池塘拉网方法，适合室外小型池塘尤其是名特优水产品养殖池塘的无伤害捕捞作业。

（1）拉网结构。使用自制的地拉网进行捕捞。地拉网分为网衣、上下钢索、浮沉子3部分。

①网衣。由聚乙烯网片制成，网目视捕捞的水生动物规格而定，一般为20目；中间宽，两头窄；长度不低于池塘最长边的2/3，高度根据水深选择，一般3m左右。

②上下绳纲及浮沉子。上下绳纲纲索均由直径5厘米左右的聚乙烯粗绳构成，绳纲索的一端长度超出网衣15米，上绳纲纲索上每30厘米缝制一个球形泡沫塑料制成的浮子，浮

子直径约8厘米。下绳纲纲索缝制一条与网衣下端等长的8毫米铁链，其重量需确保拉网下端能刮底前进。

（2）属具。有临时网箱、支撑杆、粗竹竿等。

①临时网箱：临时存放渔获物的网箱，网衣与地拉网网衣的材料及网目相同，长方形，取一条短边缝制铁链，铁链长度稍长于网箱，其余三条边缝制一条聚乙烯粗绳，网衣面积视所需网箱面积而定。

②支撑杆：即细竹竿，粗的一端削尖，插入池底，用于固定临时网箱。

③粗竹竿：直径10厘米左右的粗毛竹，依靠其浮力，待收网后将临时网箱敞口的一端收拢好，也用于驱赶渔获物至网箱的一角，便于挑选。

（3）拉网方法。捕捞作业分为搭建临时网箱和单边环塘拉网两部分。拉网前先在池塘一边的中间搭建好临时网箱，网箱的左边敞口，面积约为池塘面积的10%；然后将拉网的一端固定在网箱敞口的上端，细致下网后开始逆时针围绕池塘单向拉网，将水生动物赶至网箱内收网，最后通过竹竿将渔获物按需求分批赶至网箱的一端，挑选渔获物。

（4）捕捞。

①搭建临时网箱：临时网箱一般搭建在池塘较长的一边的中央，靠近岸边，便于渔获物的集中捞取，同时确保网箱上的铁链的一端能够延伸至岸边固定。将网箱网衣理顺平铺于水中，铁链的一端在左边，使其自然下沉；然后将三条缝制粗绳的边拉起来；网箱的这三面每隔1米插一根支撑杆，左端预留一部分不插支撑杆用于敞口，将网箱上端固定在支

撑杆上；铁链的一端拉平后平铺于池底，将铁链靠近岸边的一端拉至岸上，防止其掉入水中。最终形成左端敞口的长方形网箱，网箱面积约为池塘总面积的10%。网箱内每8~10平方米放置一个微孔增氧盘，持续增氧。

②下网地：拉网理顺上下绳纲，防止错位。绳纲索较长的一端用于牵拉，另一端固定于网箱左上方第一根支撑杆上。为提高捕获率，拉网的固定端必须在网箱的右下角处下水，然后由一人沿着网箱右侧再到上侧拉至指定的支撑杆处固定，且拉网的上下端均需固定于支撑杆上。

③拉网：拉网一般需要4~5人，一人守在固定拉网和网箱的支撑杆处扶住支撑杆，防止其被拉倒；一人踩下绳纲，1~2人拉下纲，1人拉上纲。沿着池塘从网箱的右侧开始，逆时针方向拉网，拉网速度必须缓慢，以边拉边赶的方式将水生动物驱赶至网箱内。

④收网：待网拉至网箱左侧，离网箱不远处时，开始收网，上纲速度放慢，下纲逐步拉出水面放置在岸上。到达网箱敞口处时，守在支撑杆处的人和岸上的人分别控制住网箱上的铁链，确保拉网下端铁链刮底通过网箱时，从网箱的铁链上端通过。接着将网箱敞口的一端铁链捞起收拢网箱，下端穿过一根粗竹竿，铁链搭在竹竿上，使网箱封闭，同时解开固定在支撑杆上的拉网，收到一边。

⑤挑选渔获物：网箱底部再插一根粗竹竿，移动竹竿，将网箱分区。粗竹竿通过支撑杆时需谨慎，防止拉倒支撑杆。最后通过移动粗竹竿的方式将渔获物驱赶至网箱的一角，挑选捕捞物。不符合规格的渔获物立即回池。

⑥网具整理：拉网结束后，将毛竹、网箱和拉网洗干净后摊平置于岸边曝晒，然后整理好贮藏。

（5）本法优势。

①省工、省力、省时：传统方式拉网需要的人力较多，拉网的两边均需 4~5 人，且拉网时两边的人需要保持同步，若一方较快，另一方则比较吃力。而使用单边环塘拉网法则不存在此弊端，拉网仅需 4~5 人，包括一人静守在支撑杆处，拉网时速度较慢，相对省力。另外，若是拉网销售，传统拉网法只能在运输车即将到达前开始拉网，一网捕获量不够仍需多次拉网，这就增加了运输时间，给已经上车的渔获物特别是用于做种的亲本造成了二次伤害。使用本法拉网，则可以提前进行，待网箱内的渔获物数量达到要求后一起上车，这样既缩短了运输时间，也一定程度上提高了运输存活率。

②捕获率高，伤害小：传统拉网法由于操作人员较多，且拉网的两端人员需配合默契，否则捕获率较低，且对水生动物伤害较大。造成的原因主要为以下几点：第一，两边同时拉网，通常拉网速度较快，拉网下端没有足够时间刮底前进，捕获率降低，同时水生动物受惊后，运动力强的水生动物从网箱上端跃出。第二，两边拉网速度不同步时，速度较慢的一边常有水生动物从网边缘处擦边溜出，不仅降低了捕获率，也对一部分水生动物造成了擦伤，提高了死亡率。第三，收网时，网衣重叠处较多，临时圈成的网箱形状不稳定，很多水生动物藏在网衣重叠处后窒息死亡。第四，拉网过快搅动了底泥，同时增加了池中水生动物的活动量，最终收网后又将池中大部分水生动物聚集于小块区域，很容易造成缺

氧、浮头，且渔获物受惊后乱窜，造成损伤。而使用本法拉网，一端固定，一端缓慢移动，水生动物主要以被驱赶的方式自行游入网箱内，捕获率提高，且对底泥的搅动较小，最终收网后，由于提前对网箱内的水体进行了增氧，渔获物也提前在网箱内适应了一段时间，不易受惊，减少了损伤。

③可多次拉网后一起挑选渔获物：传统拉网法影响捕获率的因素较多，常常需要多次拉网才能满足需求。每次拉网后的收网、挑选操作均对渔获物造成了伤害，一些规格不符合要求的渔获物经过多次惊吓甚至伤害后可能不久即死亡。而使用本法拉网，主要是以驱赶的方式让渔获物自行游入网箱内暂养，网箱收拢后，若捕获量不够，可暂不挑选渔获物，用粗毛竹对网箱进行分区，将渔获物赶至网箱的一边暂养，然后将网箱的铁链一端重新铺好，网箱敞口，下网再次拉网，直到渔获量达到要求后开始挑选渔获物。规格不符合要求的渔获物暂养于网箱中，无需多次经历拉网操作，极大地减少了拉网损伤。

④适用范围广：传统拉网法在活动能力强的鱼类上效果较好，而对于活动能力较弱的虾类则存在诸多弊端，罗氏沼虾的"拉网综合征"就是一个典型案例，池塘每一次的拉网挑选都是对养殖沼虾的一次大考验，很多虾有断须、断肢、断额刺及断尾扇的机械性损伤，未经消毒即回塘，极易感染细菌发病，造成经济损失。使用本法拉网，前进速度较慢，且主要以边拉边赶的方式前进，给虾类足够的反应时间自行游入网箱内，也不用短时间内经历多次拉网，因此将拉网损失降到了较低程度。

第三节　南美白对虾的养殖模式

对虾养殖模式按照养殖池塘地理位置不同，可以分为三类，分别为滩涂土池养殖模式、高位池养殖模式、盐碱地养殖模式。

滩涂土池养殖模式是最原始的对虾养殖模式，其特点是：池体最底部低于低潮水位。随高潮进水，低潮排水。具备独立进出水系统，配备一定数量增氧设备；放苗量60万~75万头/公顷，一个养殖周期产量7 500~9 750千克/公顷（即500~650千克/亩）。这种模式通常养殖面积较大，养殖方式粗放，病害控制以及其他生物入侵都很难有效控制，目前这种养殖模式较少采用。

高位池养殖模式，与滩涂土池养殖模式最大区别是在海水高潮线以上的地方建造养殖池，从而实现无论低潮、高潮均可将池体水排干。该模式最早来自于我国台湾地区，20世纪80年代进入大陆。该模式就是目前所谓的"精养模式"，其特点如下：

①池塘在高潮线以上，高于海平面3~10米；

②进水采用机械提水，排污方便；进水一般从沙滤井中过滤得到；

③底质为地膜、水泥或沙子（沙下20~30厘米铺农用地膜保水），易于清理池塘底部，也可防止外来水生动物带入病害；

④面积0.13~0.67公顷，最佳0.13~0.33公顷，一年多周期养殖；高密度养殖，放苗90万~180万头/公顷，产量7 500~22 500千克/公顷；

⑤配备完善增氧装置，每公顷15台1.5千瓦四叶轮水车式增氧机。高位池养殖模式目前是国内最主要的对虾养殖模式，该模式养殖可控性高，养殖密度大，经济效益明显。

盐碱地养殖模式，利用内陆咸水养殖，该咸水有别于海水，水质在养殖前需调控。这种模式最早在天津地区得到应用并推广。

对虾养殖模式按照水体盐度不同还可以分为海水养殖和淡水养殖两大类，淡水或海水淡化养殖由于可以有效减少弧菌病害，且对虾生长速度更快，目前该种模式被采用的比例有逐年提高的趋势。

另外，还有一些新的养殖模式，如混合养殖模式和工厂化养殖模式。

一、大棚多茬养殖

●1. 养殖场址选择●

选择面积700～1 000平方米，水深保持在1.2米左右，水体交换能力强，水质清新，光照充足，附近无工业污染源的水泥池。南美白对虾属于海水虾种，在适宜的养殖盐度范围内，盐度越低，南美白对虾发生白斑病毒病的概率越小。且生长速度越快，脱壳越提前，所以在养殖前期和中期可以适当降低池水盐度。但是盐度过低又不利于其生长，对于水体盐度在1‰以下的地区不提倡养殖南美白对虾，禁止向养虾池中投放粗盐的错误做法，养殖前期建议采取低盐度和低氮方法养殖，采用淡水添加式养殖模式，到了后期可通过逐步提高池水盐度以恢复对虾在高盐度海水中养殖时具有的独特风味，同时增加虾壳的硬度。

●2. 大棚搭建●

各种形式温棚（见图3-23、图3-24、图3-25）

图3-23　简易温棚

图3-24　小温棚

主要有两种搭建方法：

（1）有框架大棚搭建。池塘中间设一排国家标准的10米电力预应力水泥杆立柱，高度10米（具体视池深和池宽而定），深埋池底3米，间距8米；用1.5寸（约5厘米）热镀

图 3-25　水泥温棚

锌钢管和直径 10 毫米圆钢焊接成框架，连接地面和立柱；池塘四周埋设用于固定大棚纵横钢丝绳的绊线桩，深埋 1.8 米，地面上高度 0.2 米，间隔 1.5 米；用直径 4.2 毫米电力钢丝绳作东西径线、3.0 毫米作南北纬线，结成网眼 0.6 米×1 米的长方形钢丝绳网架；并在池塘四周用混凝土浇筑一条排水沟。

覆盖的保温膜为农用无滴膜，厚度 0.075~0.08 毫米，拼接成整张后，覆盖于纵横钢丝绳上，再用网片和纵横绞丝绳固定。在大棚两端山墙处设置进出口门。

（2）无框架大棚搭建。池塘中间设一排水泥桩加镀锌钢管结构的中间立柱，高度 6 米，间距 3 米，埋入池底 1.5 米，其中池底下和水中 2.5 米部分四周用断面 15 厘米×15 厘米混凝土浇灌，水上部分留直径 60 毫米、壁厚 3.5 毫米的镀锌钢管；宽度较大池塘需设置边立柱，高度随棚高度而定，直径可小些，但需埋入池底 0.8 米以上，间隔 2 米；横梁选中间立柱同规格的镀锌管，长度为 1~2 个立柱间隔；池塘四周埋入深 1.5 米、间隔 2 米的 60 厘米×60 厘米×50 厘米预制块，其上再现浇一圈钢筋混凝土锚固梁，规格 60 厘米×35 厘米，内设 4~5 根直径 12 毫米螺纹钢，每隔 30 厘米扎一道箍筋、并预留拉绳拉钩；选用直径 3.5 毫米热镀锌钢丝绳，两端固定在锚固梁上，其中直钢丝绳与横梁垂直，中间与横梁相交，间距 30~35 厘米，横钢丝绳与横梁平行，在直钢丝绳上方，间距 100~120 厘米；直钢丝绳上方、横钢丝绳下方铺设薄膜。

●3. 养殖池塘及配套设施●

（1）池塘要求。东西朝向，要求长方形，面积 5~10 亩，长宽比 2∶1，宽度控制在 60 米以内，池深 2.5 米，水位保持在 1.5~2.5 米。池壁为混凝土结构或塑料膜（厚度为 0.35 毫米黑色 HDPE 防渗膜）铺设，池底锅底形，中间设排污孔；排污孔设在池边的，则在池底开中心沟，向排污孔倾斜，坡度 5‰以上。

（2）增氧设施。配套水车式环流增氧设施和底充式增氧设施。水车式增氧设施，每个池塘 2 台以上，每台功率 0.75~1.5 千瓦；底充式增氧设施，用鼓风机或空压机充气，PVC 管或微孔管为充气管，直径 10 毫米~15 毫米，充气管间距 4 米。PVC 管间隔 60 厘米打孔，孔径 0.6 毫米。

（3）其他设施。备用发电机组、棚内投饲船、提水机械等。

●4. 养殖技术●

（1）茬口安排。第一茬养殖时间一般选择在 3 月中下旬放苗，6 月底至 7 月中旬前起捕；第二茬养殖时间一般 7 月底至 8 月中旬放苗，元旦前后水温低于 16℃前全部起捕完毕。

（2）养殖技术要求。

①放养良种种苗：选择体质健康活泼，活动能力强，规格均匀一致，不带病的优质良种虾苗。在放苗时，要特别注意盐度，池塘盐度不能低于育苗池盐度1‰以上。放养密度一般8万~15万头。

②水环境控制：一是及时开关大棚。整个养殖期间水温控制在15~35℃。养殖第一茬前期和第二茬后期，外界气温较低，要及时关闭大棚；盛夏季节，要及时开启大棚，当水温持续超过32℃时，去掉整个覆盖薄膜。二是养殖用水经沉淀处理。要建造蓄水池，养殖用水需经24小时以上自然沉淀处理，用80目筛绢过滤泵入养殖池。淡水地区可在蓄水池中放养花白鲢、吃食性鱼类进行生物净化，海水池塘则需用10克/立方米漂白粉消毒。三是肥水后放苗。池塘经消毒处理后，在放养前用充分发酵过的有机肥与生物肥料、光合细菌等进行肥水，使透明度保持30~40厘米后放苗。四是适时调节水质。根据养殖季节的不同，适时加注新水和进行水质调节，经常使用底质改良剂和微生物制剂、微生态制剂来改良池塘水体的生态环境，使池水长期保持肥、活、嫩、爽。一般养殖前期每天加水5~10厘米，透明度保持在30~40厘米，达到2米水位后，才开始逐步换水，每天换水量10厘米左右。以后逐步增大到15~20厘米。养殖后期水色过浓的池塘换水量增大到30厘米左右，尽量使池水保持清爽，透明度保持在30~50厘米。五是及时开启增氧机。根据池塘水色、载虾量、天气等情况，采用水车式环流主体增氧与底充式增氧相结合方式，及时开动增氧机，保持池水溶解氧充足。放苗

密度较高的池塘，放苗 20 天内每天黎明前及中午开启空压机 2 小时，放苗 20 天后增开水车式增氧机 1~2 小时，放苗 70 天后除投饵时暂停 1~1.5 小时外，全天开启空压机和水车式增氧机。气压低的阴天、下雨时增加开机时间和次数，使水中溶氧量始终维持在 4 毫克/升以上。

③科学投喂优质饲料：饲料沿池塘四周进行均匀散投，按日投饵第 1 个月日投 4~5 次，第 2 个月 3~4 次，以后日投 3 次。经常检查吃食情况，一般以 1 小时左右吃完为宜，并根据吃食情况、天气情况、虾的生长情况和季节变化，及时调整饲料投喂量。养殖中后期至起捕前可在饲料中加入维生素 C、免疫多糖、免疫多肽等添加剂，每日添加 1~2 次，投饲 2 天停 2 天。

④严格养殖管理：每天巡塘观察对虾吃食、活动情况，及时处理病死虾；定期监测水质，对饲料台、工具进行消毒；严格控制养殖无关人员进出入养殖区域。

⑤做好轮捕工作：根据池塘中虾的规格和载虾量，及时做好轮捕工作。

二、工厂化养殖

工厂化养殖在水产业是一门新兴的产业，自从 20 世纪 60 年代初期日本在群马县开始进行工厂化养鱼以来，世界各国，特别是美国，加拿大，德国等纷纷设计工业化养鱼装置，但形成高效规模化生产是近 20 年的事。工厂化水产养殖系统是取代传统的池塘、流水、网箱、大棚温室等养殖方式的新型工业化生产方式。它通过生物方法、物理方法及化学方法的有机结合，把水处理过程系统考虑，使水产养殖过程达到理想状态，形成不受自然条件影响的循环式的高密度养殖方式。它是农业现代化的必然产物，代表水产业的最高水平。在我国，1979 年作为科研攻关项目的"中国对虾工厂化人工育苗技术的研究"，开发了对虾养殖的控温技术，充气与搅拌技术，饵料的商业化与营养供给技术，较为全面地形成我国工厂化养殖的基础模式。虽然在对虾育苗中提出了工厂化这一概念，但限于财力，时间技术和认识等方面的制约，在对虾养殖过程中并没有采用封闭循环工厂化养殖的模式。

工厂化养殖的主要特点表现在生产的连续性，无季节性和主动控制性，而主动控制环境和营养供给是工厂化生产的核心。其主要控制有如下十个方面：水体循环，水体控温，水质监测，生物过滤，充气增氧，臭氧蜕色，饵料投喂，死鱼收集，污水处理，起捕分类。就监测项目而言，过去一般是流量，水温和溶解氧三项，目前国外一些工厂有七项，增加了 pH 值，光照，无机物，有机物。就监测控制范围从过去主要上下限到现在一些单项达到任意要求控制，并从机械化进入自动化或半自动化控制。按上述要求，我国的工厂化养殖水平还相当低。我们目前能够做到的流量、水温和溶解氧三项指标控制是通过大量换水，锅炉升温和充气来解决，可以说是以消耗能源，牺牲环境来换取效益，对工厂化而言是一种初级的粗养阶段，采用生物净化装置的处理设施，进行循环水养殖是中等程度的半精养阶段，全面实现养殖过程中十项内容的自动化管理和监测目标的自动控制是工厂化养殖的高级阶段（图3-26、图3-27）。

图3-26　工厂化循环水大池养殖

图3-27　工厂化循环水小池养殖

●工厂化养殖管理要点●

（1）分级养殖及放养密度。工厂化高密度养殖采取分级轮养办法，从小苗开始分级养殖，逐渐分疏。具体分三级：

第一级：仔虾期（0.8~2.5厘米）放养密度3 000尾/平方米。

第二级：幼虾期（2.5~6厘米）放养密度1 000尾/平方米。

第三级：养成期（6~12厘米）放养密度300~500尾/平

方米。

注意事项：池搬苗时，必须带水搬运；虾长至6厘米以后切忌搬运以免受惊死亡。

（2）虾苗选择。工厂化高密度养殖的对虾品种主要是南美白对虾，选购种苗时应注意掌握：

①选购SPF种苗；②育苗期间不使用抗生素；③选择非高温育苗；④虾苗应规格整齐、透明无脏物、活力强，体长在0.8~1.2厘米。

（3）放养前的准备工作。

①检查放养供气、供水、供热、供电及排污等各个系统运转是否正常。使用高锰酸钾或其他消毒剂对养殖水池、蓄水池储水消毒。②第一级暂养池注水60厘米，调理各项水质指标使其符合对虾生长要求，施单细胞藻类生长素或生物肥料培育水色，透明度控制在40厘米左右。③控制水温在26~30℃，比重1.012~1.018后，即可放苗。

（4）投饵管理。虾苗下池后即可投喂饲料。投饵量应根据天气、成活率、残饵量、健康状况、水质环境、蜕壳、用药等情况和生物饵料量来确定。

体长0.8~1.5厘米时，用40~60目筛网袋洗料后投喂或直接投喂40~60目的微囊饲料。一日6餐，每万尾虾每餐投喂量为5~15克。

1.5~2.5厘米时，投喂0号饲料，一日6餐。每万尾每餐喂15~40克。

2.4~3.5厘米时，投喂1号饲料，一日6餐。每万尾每餐喂40~100克。

3.5~7.5 厘米时，投喂 2 号饲料，一日 4 餐。每万尾每餐喂 100~800 克。

7.5~12 厘米时，投喂 3 号饲料，一日 4 餐。每万尾每餐喂 800~1 500 克。

具体可根据饲料检测网内饵料的剩余情况确定投饵量是否应增减，一般以 1~5 厘米体长对虾 2 小时吃完，6~9 厘米对虾 1.5 小时吃完，10~12 厘米对虾 1 小时吃完为好。

三、稻田养殖

稻田生态种养是一种种养结合，稻渔共生、稻渔互补的生态农业种养模式，实现了在同一稻田内既种稻又养水产品，一田多用、一水多用、一季多收的最佳效果。稻田生态种养有效地节约了水土资源，提高了资源利用率，合理地改善了水稻的生长发育条件，促进了稻谷的生长，实现稻、水产品双丰收的目标，具有投资少、收益大、见效快、增粮、节地、节水等优点，符合资源节约、环境友好、循环高效的农业经济发展要求，是促进农村经济发展，农民增收致富的有效途径。

● 1. 稻田选择及工程建设 ●

（1）稻田选择。选择水源充足、水质良好、无污染、排灌方便的稻田，面积以 2~3 亩为宜，底质为泥沙。

（2）田间工程建设。包括环沟、田间沟和暂养小池。环沟沿田埂内侧田间开挖，要求沟宽 1 米、深 0.8 米。田间沟与环沟和稻田相连，视稻田大小还需挖横沟或"十""井"

字沟，沟宽 0.8 米、深 0.5 米。暂养小池为 3 米×2 米×1 米，位于稻田排水口前或稻田中央。环沟、田间沟和暂养小池总面积占稻田面积 15% 左右。田埂加宽 1~1.5 米，加高 0.5~1 米。防逃设施田埂上方用塑料薄膜圈围四周，高度为 1 米，以防白虾外逃和陆地的老鼠、蛇、青蛙等敌害进入。进水管采用管径 20 厘米的 PVC 塑料管，两端管口均用筛绢包扎，排水口用筛绢圈围防逃，筛绢一端埋入田底深 15 厘米，一端高出水面 50 厘米，两边嵌入田埂 10 厘米。

● 2. 虾苗放养 ●

（1）放苗前的准备工作。放苗前 10~15 天，进行稻田消毒，每亩使用生石灰 50 千克左右化乳泼洒。放苗前 7 天注水 50~80 厘米，每亩用食盐 50 千克对水均匀泼洒于田间，然后施肥培养饵料生物，每亩施发酵人畜粪肥 200~300 千克。

（2）虾苗放养。虾苗必须经淡化处理，放苗时要试水安全无毒后方可投放虾苗：虾苗以体长 0.8 厘米以上的苗为好；放养密度为 1 万~2 万头/亩。争取在 5 月上旬以前放好苗。

● 3. 水稻栽插 ●

（1）稻苗选择。由于养虾的稻田，土壤的肥力较好，因而宜选择耐肥力强、茎秆坚韧、不易倒伏、抗病害、产量较高的稻苗。

（2）整地。插秧前 15~20 天，每亩用完全腐熟的畜禽粪肥 1 000~1 500 千克。机械耕翻整地，全田高低差 ≤3 厘米为宜，上水漫田后需沉实，通常沙质土沉实 1 天，壤土沉实 1~2 天，黏土沉实 2~3 天。

（3）稻苗栽插。水稻田通常要求在5月底翻耕，6月10日前后栽插稻苗。稻苗先在秧畦中育成大苗后再移栽到大田中。稻苗栽插前2~3天可选择使用1次生物高效农药，以防水稻病虫害传播。通常采用浅水、宽行、密株的栽插方法，并适当增加田埂内侧养虾沟两旁的栽插密度，以发挥边际优势。

●4. 饲养管理●

（1）水位调控。1月份到栽秧前，保持田面水深40厘米；6月下旬插秧后2~3个叶龄期内，控制5厘米以内的浅水层；7月水稻够苗（全田苗数达到预计穗数）前，田面水深保持在5~8厘米，够苗后，灌水8~12厘米进行深水控蘖；分蘖末期排水搁田3~5天，以轻搁为主，或采用夜排日灌的方式进行晾田，达到透气养根固本的目的，烤田结束后，及时恢复水位；8月份水稻拔节后期，田面水深可增加到最大水位；水稻收割期将水位逐步降低直到田面露出。

（2）水质调控。5—6月7~10天加水1次，每次加水5~10厘米；7—9月高温季节，7天换水2~3次，每次换水10~20厘米；10月后，每15~20天换水1次，每次换水10厘米。水质过肥应及时换水，换水时要保持水位相对稳定，可边排边灌。6—10月间，7~10天改水一次，20~130天改底一次。夜间巡塘时，发现有虾抱住稻秧，卧于水面，或大批上岸，及时加注新水，增加水体溶氧。

（3）饵料投喂。定时、定位、定量、定质荤素搭配，精粗结合。每天上午8：00—9：00和17：00—18：00各投喂一次，上午投喂日食量的1/3，下午投喂2/3。饲料投喂地点选择缓坡和田板处，投饲 2 小时后检查依据虾的吃食剩余决定次日投饵量的增减。投喂 3 天植物饲料，投喂 1 天动物饲料，投喂量分别占存塘虾体重的2%～3% 和 5%～8%，高温天气不喂动物料。

（4）日常管理。每天早、中、晚坚持巡田，观察沟内水色变化和虾吃食情况，以确定投饵量和加注新水。检查进出水口筛绢是否牢固，清除过滤物。在水稻施化肥时，可先排浅田水，让虾集中到环沟、田间沟和暂养小池之中，然后施化肥，使化肥迅速沉积于底层田泥中，并为土壤和稻禾吸收，随即加深田水至正常深度。施农药时要特别注意，严格把握农药安全使用浓度，采取正确的用药方法，确保南美白对虾安全。施药时，先排浅田水，把虾诱赶到环沟、田间沟和暂养小池中，再打农药，待药性消失后，随即加深田水至正常深度。

（5）病害防治。坚持"以防为主，防治结合"的方针，一般每隔 15～20 天，用 10～15 千克/亩生石灰加水溶解后全池泼洒 1 次，既起到消毒防病的作用，又能补充南美白对虾生长所需的钙质。养殖后期定期在饲料中添加光合细菌、免疫多糖、多种维生素等药物，制成药饵投喂，以增强南美白对虾体质，减少病害的发生。

●5. 捕捞●

（1）地笼捕捞。将达到商品规格的南美白对虾用地笼捕捞上市销售，把未达到规格的继续留在稻田里养殖，降低稻田内南美白对虾的密度，促进小规格南美白对虾的快速生长。

（2）冲水捕捞。通常选择白天的上午张好网具，然后放水，待绝大部分南美白对虾随水自然进入网内，水干后再冲水几次，将南美白对虾"一网打尽"。

四、南美白对虾与河蟹混养

● 1. 池塘条件与配套设施 ●

（1）池塘条件。一般选择可养鱼的池塘或利用低产农田四周挖沟筑堤改造而成的提水养殖池塘，面积不限。为便于拉网操作，一般20亩左右为宜，水深1.5~1.8米，要求环境安静，水陆交通便利，水源水量充足，水质清新无污染。

（2）池塘准备。5月初抽干池水，清除淤泥，每亩用生石灰100千克、茶籽饼50千克溶化和浸泡后分别全池泼洒；过滤注水后，向池中栽种苦草、伊乐藻、水花生等水生植物，每亩投放鲜活螺蛳250~300千克。

（3）配套设施。池塘四周用石棉瓦围拦作防逃墙，用塑料薄膜围拦池塘面积的5%左右作为南美白对虾二次淡化暂养池。同时根据池塘大小配备抽水泵、增氧机等机械设备。

● 2. 养殖与管理技术 ●

（1）苗种放养。虾、蟹苗种于5月上中旬放养。选购经检疫的无病毒健康虾苗，规格1.5~2厘米，用氧气袋充氧装运，运回的虾苗在暂养池中适应水温后，在福尔马林液中浸浴2~3分钟（每吨水加药20克）。暂养期间注意调节水温和水质，投喂专用开口饲料，暂养15天后拆除塑料薄膜围拦放入大塘饲养。河蟹选购每千克1 000只左右当年早繁蟹苗培育的幼蟹；鱼种规格 15 厘米左右。每亩放养量为南美白对虾 1.5 万~2 万尾；幼蟹 600~800 只；鲢、鳙鱼种 50 尾。

（2）饲料投喂。虾进入池塘后可投喂专用虾、蟹饲料，也可投喂自配饲料（饲料配方：鱼粉或鱼干粉或血粉 17%、豆饼 40%、麸皮 30%、次粉 10%、骨粉或贝壳粉 3%，另外添加 1‰专用多种维生素和 2%左右的黏合剂），按在池虾、蟹重量的 3%~5%掌握日投喂量，每天上午 7：00—8：00 投喂日总量的 1/3，剩下的在 15：00—16：00 投喂，后期加喂一些轧碎的鲜活螺、蚬肉和切碎的南瓜、土豆，作为虾、蟹的补充料。

（3）日常管理。整个养殖期间始终保持水质达到肥、活、嫩、爽的要求，高温季节及时加水或换水，使池水透明度达 30~35 厘米。坚持每天早晚巡塘一次，检查水质、溶氧、虾蟹吃食和活动情况，经常清除敌害，每隔 20 天左右泼洒 1 次生石灰浆，每次每亩用生石灰 10~15 千克，预防鱼虾蟹疾病和调节池水 pH 值。平时在虾、蟹饲料中添加一些蜕壳素、中草药等，起到防病和促进蜕壳的作用。

（4）捕捞。经过 120 天左右的饲养，南美白对虾长至 12~15 厘米时即可收获，采用抄网、地笼、虾拖网等工具捕大留小，水温 18℃以下时放水干池捕虾。成蟹采取晚上在池埂上徒手捕捉和地笼张捕相结合，捕获的蟹及时清洗，暂养待售。

第四章 南美白对虾规模化育苗技术

第一节 育苗场地建设

一、蓄水池

在虾场水源水量不足或水质不很优良的情况下，建造贮水池可以确保养虾生长的顺利进行，贮水池可以确保虾塘的用水量及改良水的质量。贮水池应可贮有全部养殖用水的30%，并备有进出水口。贮水池宜以高位池标准建设，水位以达到一定高度，在需要时可以不用泵而直接进行自动供水最好。

建蓄水池的目的是为了存储养殖用水，经沉淀、净化、降低病原微生物及病原体数量，改善水质的物理、化学、生物因子参数，使其达到南美白对虾需要的养殖池用水标准。当水源水质经常发生变化，例如水源水质较差，水源水供应较为困难，需要调配盐度，或采用循环用水，蓄水池更是必需设施。通常蓄水池水容量为总养殖水体的1/3。为处理水方便，3~5个养殖池可配备一个蓄水池。蓄水池尽量使用纳潮方式进水，以节约能源。蓄水池应有提水设备，这是为了增加可纳水的时间，尽可能多纳入水质较好的水，提高水位。蓄水池内可放养少量滤食贝类、鱼类，适当繁殖水草等。在疾病流行期，蓄水池进水后应先用消毒剂处理。蓄水池必须有排水闸，保证能完全排干，以利每年清污消毒。蓄水池应设制进出水系统（渠道或管道）与养殖池相通，用水泵向养殖池供水，水泵的功率应与渠道或管道配套。

二、养殖繁育池

南美白对虾的最低临界温度为 13℃，在我国大部分地区不能自然越冬，必须在人工控温条件下越冬。目前亲虾越冬室有室内水泥池和土池塑料大棚等两种。以水泥池为最好，它能一池多用，除用于亲虾越冬外，还能用于亲虾的产卵培育、产卵和抱卵虾的孵化。同时，干池、捉虾、洗池、管理等都较为方便。越冬池的规格与池的结构和育苗场的规模有关，一般为长方形，长宽比为 2∶1～3∶1。土池面积一般在200 平方米左右，池深 0.8～1.3 米。水泥池可根据需要建成大小不等的多种规格，面积 30～50 平方米，池深为 0.8～1.3米。池建有进水口和出水口，池底平坦并稍留一定坡度，以排干池水为宜。进排水口装有栏网，避免亲虾逃跑。池中设置 2～3 排充气增氧管，加温设备既可用锅炉水、工厂余热水，也可以用平压热水炉直接放热水增温。水温控制，越冬前期19～23℃，越冬后期 26～28℃，光照强度控制在 1 000 勒克斯。每个育苗场最好配有越冬池 4 个以上，至少也要有 2 个。

● 1. 池址选择 ●

培育池是亲虾的生活场所，为满足亲虾生长发育的需要，其地理位置应该在交通方便，阳光充足，空气新鲜，水源良好无污染，换水方便，环境安静，不受自然或人为干扰的地方。并要靠近幼体培育池。

●2. 面积●

根据生产需要，可建造两种不同规格的亲虾培育池：一种培育池面积比较小，一般为 10~15 平方米，主要用于产卵期间的亲虾培育，有利于观察亲虾性腺的成熟度和产卵，也可用于亲虾越冬培育；另一种培育池比较大，面积为 50~100 平方米，水深 0.8~1.0 米，主要用于越冬期的亲虾培育、产卵期成熟度较差的抱卵虾培育，由于水体大，水质稳定，亲虾活动范围大，有利于亲虾摄食、生长和性腺发育。

●3. 水深●

培育池池深一般在 1~1.5 米。产卵季节，用作产卵期间培育时，水深以 0.7~0.8 米为宜，以利于观察和操作。秋冬和越冬期间，水深以 1.0~1.2 米为宜，有利于水质稳定、保持恒定的水温和减少外来的不良影响。

●4. 水质●

培育池用水总的要求水源充足，水质清新，无污染，溶氧量高，水体溶解氧最低在 5 毫克/升以上，pH 值保持在 7~8 为宜。有防寒增温设施，能保持水温稳定，水温不得低于 20℃，在 23~30℃ 范围内为最好。

●5. 底质●

培育池以水泥池最为适宜，如用土池，底质以沙壤土底为好，无论哪一种池，池底应平坦，并有 1% 的坡度向排水口倾斜，以利排水。在培育阶段，池底可设一定数量的竹箔、瓦片、砖块等隐蔽物，以供亲虾栖息和减少相互残食。

三、育苗室

育苗室由厂房和育苗池两部分组成。育苗室可以建成多种结构，主要是屋顶材料不同，有塑料薄膜、玻璃纤维钢瓦、水泥屋顶等。育苗室在设计上应根据材料的透光性不同，考虑墙壁和屋顶所留的窗口数量、大小，以便调节光照强度和气温。目前厂房大多采用砖墙结构、玻璃窗，屋顶用玻璃或玻璃钢瓦。为避免阳光直射，窗和屋顶需涂一层白漆，室内再设调光帘，以调节光照强度。厂房大小由育苗池面积和头数决定。育苗室的光线强度一般控制在 1 000 勒克斯为宜。

每一育苗室建两行育苗池，中间留宽 1 米以上的通道，同一行育苗池，每隔两个池留一宽约 0.5 米的通道。育苗池一般为水泥砖石结构，底铺白瓷砖。长方形，长宽比为 3∶1~4∶11，每池面积 6~10 平方米，池深 0.8~1.2 米。为便于排水，池底向出水孔一侧保持 1%~2% 倾斜度。浅水端设进水管，深水端设出水口（又称出苗孔）。出水口的直径不小于 10 厘米。出苗孔外侧建集苗池，集苗池要低于育苗池出水孔 30 厘米，便于排水集苗。集苗池容积一般为 0.8 米×0.6 米。育苗池与亲虾越冬池的面积比以 1∶2 或 1∶3 为宜。

四、配套设施

● 1. 加温设备 ●

根据生产规模，配备相应的加温设备，可以使用天然气管道，也可使用锅炉烧煤加温。

● 2. 水处理设施 ●

育苗用的水，对水质要求较高，生产用水须经过滤、沉淀、消毒、杀菌后方可使用。

● 3. 备用发电机 ●

生产期间，为防止应停电造成缺氧，引起亲虾及苗种大规模死亡，必须配备相应功率的备用发电机组，并定期维护保养。

第二节　亲虾培育

一、亲虾选择标准

亲虾质量的好坏，对产卵率和孵化率的高低具有重要的影响，直接影响着育苗生产。无论是我国每年从国外进口的南美白对虾的亲本，还是来自养殖的南美白对虾亲本，必须经严格的 PCR 检测，是阴性的再进行挑选。挑选的指标：健壮无病、肢体完整、无损伤、无畸形；对外来刺激反应敏感；体表光滑无寄生物，体色鲜艳，甲壳晶莹透明，硬度大，鳃部清洁；月龄 9 个月以上，雌虾体长达 16 厘米以上、体重 50 克以上，雄虾体长 15 厘米以上、体重 40 克以上。挑选的雄虾精荚要饱满，数量要多于雌虾，雌雄比例约为 1∶1.5。

二、亲虾运输和暂养

亲虾运输对亲虾活力影响很大，运输不当不仅使亲虾活力减弱，严重时还能引起大批死亡。亲虾运输通常采用陆运和水运，一般采用帆布桶装运。根据路途的远近、气温的高低以及天气好坏等情况来确定每个帆布桶的装虾数量，一般直径 1 米左右、水深 0.4 米左右的帆布桶，可放亲虾 30~40 尾。若是长途运输采用携带氧气瓶充气措施，可提高亲虾的成活率。水运由于获取海水方便，可随时用机械或人工方法加换新鲜海水，其装运数量可高于陆运。此外也可采用塑料袋充氧的方法运输，但装载密度小，运输前还需将亲虾额角套上软管避免损伤。

运输亲虾时要根据当时的天气情况和运输距离远近来确定运输时间。车运、船运、空运均可。具体运输方法主要有以下几种。

●1. 塑料袋充氧运输●

在塑料袋中装水 1/3，放亲虾 15~20 尾，排出袋中空气，充满氧气，扎紧袋口后装入纸箱即可运输。在运输途中，为避免亲虾的额角和第二步足戳破塑料袋，可用橡皮胶管套在亲虾的额角和第二步足上，然后充氧装箱，这样可保持运输安全 6~8 小时。此法适用于长距离运输。

●2. 橡皮袋充氧运输●

此法与塑料袋充氧运输方法的原理一样，操作方法不同之处是采用较厚橡皮袋代替塑料袋，亲虾不易戳破橡皮袋，不需对亲虾作人工防护处理。此法比塑料袋充氧运输更适用，便于长距离运输。

● 3. 网格箱分层运输法 ●

网格箱的木架为 60 厘米×80 厘米×20 厘米，底部用密网封底，上面用网盖扣住，放入亲虾后，一只网格箱一只网格箱垒叠沉放于水箱中。每只网格箱可放亲虾 5~10 千克，水箱底部装有充气增氧设备，氧气和水流从底层向上流动，使各层网格箱中有充足的溶氧。这种运虾方法，运输量大，对虾的伤害小，可作较长途的运输。一般运输时间长达 10 小时左右，成活率达 90%。

● 4. 帆布袋、铁皮箱运输 ●

将帆布袋、铁皮箱置于各种车辆上进行运输，运输密度根据路程远近而定。帆布袋、铁皮箱中装水水深约为帆布袋、铁皮箱高度的 1/2~2/3，每立方米水体装亲虾 75~100 千克。此法仅适于短距离运输。在运输过程中，最好能配置增氧设施。

● 5. 湿法运输 ●

在底部透气的开放式的容器中先铺上一层水草，每平方米放亲虾 2~3 千克，再铺上一层水草，在途中经常喷淋清水，保持虾体潮湿，使虾能正常呼吸，在气温比较适宜时，可以安全运输 1~2 小时。此法适用于短途少量运输。

● 6. 在亲虾运输中还应注意以下几点： ●

（1）帆布桶要洗刷干净。新帆布桶应预先浸泡 1~2 天后再用。

（2）装运亲虾的海水应清澈新鲜。

（3）途中尽量避免剧烈震动，一般不要停车，若停车应搅动海水或进行增氧。

（4）注意观察。如果亲虾静卧桶底，说明情况正常，如果亲虾浮于水面游动或跳动，说明亲虾缺氧，应采取增氧或补换新鲜海水等措施。

（5）尽可能使用捕虾海区的海水运虾。改变水体时要力求使海水温度、盐度调节在对虾能很快适应的范围之内。总之，在运输过程中，使水质满足亲虾的需要，确保亲虾不受外伤和内伤。

三、暂养及促性腺成熟

● 1. 亲虾暂养 ●

亲虾暂养是指将运输来的亲虾直接放入暂养池中，使亲虾很快适应环境，待亲虾的摄食和活力恢复正常后，再进行亲虾性腺催熟培育。

亲虾暂养应注意：

（1）暂养池水温与运输时水温一致或稍高 1℃左右，盐度差小于 3‰；暂养过程中微充气，逐步升温，每天幅度不超过 1℃，最高水温不超过 30℃，盐度调整范围不超过 2‰。

（2）严格控制亲虾暂养密度，每平方米 10~15 头。

（3）应控制光线强度，光照强度 500 勒克斯左右。

（4）饵料以新鲜沙蚕、蛤肉为佳，投饵要及时，日投饵量为虾体重的 8%~15%；经常清底吸污，保持良好水质，一般日换水 30%左右。

● 2. 促性腺成熟 ●

目前，南美白对虾人工育苗大都采取种虾自然交配的方式，然后挑选交配过的雌虾放入孵化槽或水泥池中产卵孵化。此种方式，虽然能够生产大量种苗，但需要较多的种虾。所以也有的采用人工催熟、精荚人工移植应用技术进行人工育苗，效果也比较好。目前是利用现有的池养成虾作为亲虾，进行性腺促熟、产卵、育苗。

目前世界上促使亲虾性腺成熟的方法有控温、控光、切除眼柄、强化营养条件、降低水体中的 pH 值和注射激素等。南美白对虾较为常用的促熟方法是摘除眼柄。在南美白对虾眼柄中，分布着一群特殊的神经分泌细胞（X-器官），它能分泌抑制性腺发育的激素，摘除眼柄就等于破坏了 X-器官，使神经分泌细胞失去作用，可促进性腺发育。摘除眼柄的方法主要有镊烫法、挤压法、剪切法等。镊烫法是用烧红的金属镊子夹烫眼柄，挤压法是用手指挤压眼柄，剪切法是用剪刀剪除眼柄。挤压法和剪切法虽然操作简单，但留下的伤口容易感染，术后种虾的死亡率较高。目前生产中多采用摘除单侧眼柄的方法。

一般而言，在亲虾暂养一段时间后，用镊烫法摘除单侧眼柄，人工诱导雌、雄亲虾性腺发育成熟。手术对亲虾会有一定影响，术后体质较弱，操作过程中也可能对其造成损伤，亲虾极易死亡。因此操作时要格外小心。手术后的亲虾，最好放在光照强度低于 200 勒克斯的条件下培养。每隔 2~3 天，检查一次性腺发育情况。凡性腺成熟度达到 V 期以上（标志：雌虾，头胸甲至身体的背面有明显的橘红色卵巢腺；雄虾，第五步足基部外侧有一对白色的精荚）的，立即用手抄网挑出，放入产卵池中。

第二节　苗种繁育

一、受精卵收集和孵化

● 1. 集卵孵化 ●

将性腺成熟的亲虾按雌雄比例 1 :（1~1.5）、密度 10~15 尾/平方米放入产卵池，采用人工诱导与自然交配相结合的方法，促使雌雄虾交配、产卵。雌虾在交配后几个小时内产卵，产卵时间一般在夜间至凌晨。亲虾产卵量一般为 10 万~20 万粒/尾。当雌虾产卵后，立即收卵、洗卵、检查卵子的受精及发育情况，计数后放入孵化池或桶内孵化。孵化水温为29~30℃。孵出的无节幼体用密网收集，再进行幼体培育。

● 2. 洗卵和卵子消毒 ●

在对虾苗种生产过程中，危害对虾幼体的病原体种类繁多，如病毒、细菌和真菌以及附着性生物等都有以对虾卵和幼体为宿主的寄生种类，其中许多病原体都是通过母体及其粪便和肠细胞碎片以水为媒介入侵卵和幼体，并且在育苗池中迅速蔓延，引起疾病暴发，并使虾苗成为带病毒和带菌者，直接危害南美白对虾养成。为了消除这一隐患，切断亲体与幼体之间的传染途径，进行洗卵或卵子消毒是十分必要的。洗卵是将收起的卵子，先用 30 目滤网滤去残饵及粪便，再用洁净或消毒海水冲洗 3 分钟，冲洗去水中的病毒及细菌，再放入池中孵化。

对卵子消毒的主要目的是消除病原体，切断其传播途径，以减少对虾育苗期疾病的发生。随着水域污染的日益严重，对虾幼体的各种病害日趋严重，对虾育苗的技术难度也相应加大，洗卵和卵子消毒是预防各种疾病的一项有效措施，应作为对虾育苗的操作常规。

值得注意的是由于各种药物在育苗水中受多种因子的影响不稳定，在进行卵子消毒时，应首先分析育苗水的理化性质，采用安全可靠的浓度对卵子进行消毒处理。

● 3. 剔除畸形卵 ●

一般把细胞分化异常，角质层过早消失，胚胎在卵膜一侧或者扁平，左右不对称，胚胎表面有异常细胞增生或者卵粒过大（直径超出 300 微米为巨形卵）等称为畸形卵。

畸形卵出现的原因很多，一般水质条件是主要的，如水质污染、水中有毒金属离子浓度过大、pH 值异常等。此外，亲虾运输和暂养过程中，由于环境因子的突变，使亲虾性腺发育受到影响或受精卵密度过大也都影响胚胎发育。近年来在对虾育苗生产中，经常出现卵子不孵化现象，胚胎发育至一定时期变为畸形，其原因主要是以上诸因素造成的。因此，要避免畸形卵的发生，必须对育苗用水进行必要处理，如加入乙二胺四乙酸二钠（EDTA）螯合有毒重金属离子、调节 pH 值等；加强亲虾运输和暂养的技术管理；合理控制受精卵密度等。

出现了少量的畸形卵，可在孵化缸中用虹吸法及时吸出，畸形卵过多，则全部舍弃。

●**4. 幼体的培育**●

饵料是对虾幼体生长发育的物质基础，是幼体能否变态发育的重要条件。无节幼体不摄食，靠卵黄维持身体的发育；溞状幼体开始摄食，1~2期以螺旋藻粉、豆浆、蛋黄为主，辅以酵母，3期以蛋黄、轮虫为主，定期投喂酵母；1~2期糠虾幼体以蛋黄、轮虫、虾片为主，3期糠虾幼体以卤虫无节幼体为主，辅以轮虫等；仔虾以卤虫无节幼体为主，投喂少量碎卤虫成虫。

二、质量鉴别

●**1. 幼体阶段的质量鉴别**●

肉眼判断南美白对虾各阶段幼体质量的优劣，直接关系到育苗的质量认定。健壮的无节幼体活动在水体中、上层，趋光性强，依靠附肢作间歇状运动，静止时腹面向上，呈"V"字形，有明显触底反应。如果无节幼体长时间沉于水底，肢体黏污，尾棘弯曲或畸形，趋光反应迟缓，则表示幼体不健康。

溞状幼体也活动于中、上层，趋光性很强，可根据它们趋光的强弱判断活力大小。活泼健康个体，体表干净，腹部摆动有力，游泳时翻转灵活，拖便长度为体长1/3左右。若幼体黏污，对光反应不灵敏，拖便过长，游动缓慢，则为不健康表现。

正常的糠虾幼体，体形粗壮，身体布满花纹，呈倒立状态，以胸肢缓慢升降，并经常借助腹部突然曲伸作弹跳运动。若幼体体形变细对刺激反应迟钝或者大量沉底，则说明情况异常，应引起注意。

仔虾期运动能力明显增强，不久转入底部活动，常沿池壁游动觅食，受惊时腹部弓起弹跳有力。反之，运动迟缓，常侧卧底部或上游打转，体色发白，则为异常现象。通过肉眼（必要时镜检）直接判别幼体质量，可随时掌握幼体的健康状况，并间接了解饵料、水质情况，这对于提高育苗的成活率，及时防治病害，保证对虾育苗生产顺利进行具有重要意义。

●2. 苗种阶段的质量鉴别●

虾苗质量最主要的是看活力和均匀度。

（1）活力。南美白对虾的虾苗在池塘中长到体长0.6~0.7厘米时开始出现苗层的分化，健壮苗种大多分布在水体中上层，而体质弱一点的则集中在水体下层。看苗的时候，要用手抄网从育苗池底部打一批苗起来，先放到水瓢中，用手搅动形成水流，活力好的虾苗应逆流而行，水停止流动时聚在一起的虾苗应迅速从水瓢中间游开，均匀分散在水瓢中，然后将虾苗倒入烧杯中，观察虾苗摄食肠道的饱满情况，更重要的是查看有无病弱苗，那种身体发白、游动无力、歪头的虾苗属于将被淘汰的苗，而活力好的苗则体色透明无斑点、游泳足不红、身体不挂脏、游泳时身体平直且活泼、逆水性强。

（2）均匀度。在辨别虾苗的均匀度时，应将虾苗用池水稀释，否则密度过大而看不到小苗就会影响辨别。整体上均匀的苗是好苗，证明整个育苗池投喂均匀，虾苗长势好。

另外，看苗时还要了解育苗过程中的水温、池水淡化的幅度以及所用亲虾的情况。

三、苗种的计数与运输

● 1. 虾苗的计数 ●

虾苗计数的方法，常见的有以下3种。

（1）带水容量计数法。将虾苗密集地装入容器中，搅匀取出2~3杯，计算数量，据装苗容器与取样容器的体积比，求出总数。

（2）无水容量计数法。集中沥水，取2~3杯计数，取其平均，然后用此杯测数。

（3）重量计数法。捞取一定数量的虾苗称重，计算每克或500克虾苗的尾数，按重量计算数量。称量时带水称重，即先称盛有水的桶重，放入沥水虾苗后再称重，二者之差为虾苗重。

● 2. 虾苗的运输 ●

运输虾苗最重要的是保证成活率。虾苗的运输方法，应根据路程远近及交通条件，采取陆运或空运。容器多使用帆布桶或尼龙袋装运，装苗的密度，应视虾苗的大小、时间的长短和水温高低而定。

目前陆运一般采用汽车装载帆布桶的方法。每个帆布桶装虾苗的数量要根据路途的远近，气温的高低，有无充气和换水条件来确定。如果路途远，气温高，又没有充气和换水条件，装运虾苗数量就应少一些；反之，可以多一些。根据运输虾苗的经验，在水温20℃左右，直径1米的帆布桶，装水1/3，可放体长0.7~1.0厘米的虾苗30万~40万尾，经6~8小时运输，虾苗不会出问题。如果带钢瓶充氧，其数量可以增加一倍。使用聚乙烯袋充氧运输虾苗，也是一种可靠的方法。体积10升的聚乙烯袋，装水1/3，充氧气3/4，装1万~2万尾虾苗，经10小时运输，效果比较理想。

需要空运的虾苗，大小最好在体长0.7厘米左右，过小则体质弱而经不起折腾，过大则活力强而容易自相残杀。体长0.7厘米左右的虾苗，空运使用正方型泡沫箱，每袋可以装13万尾~15万尾。包装时在袋内装入1/3的过滤海水和1~5毫克/升的抗生素，2/3充足氧气，然后将袋口扎紧放置在泡沫箱中。如果虾苗活力很好且大小均匀，则可多装一点。为了防止运输途中封闭的泡沫箱内温度上升，还应采取措施进行温度控制，可将冰袋系在第一层塑料袋外，最后将泡沫箱用胶布包扎好（泡沫箱盖和箱子之间也要用胶布缠绕一圈），套上纸箱，装车运往机场。

虾苗运输过程中还有很多细节性问题，如出苗的时间不宜太早；装运虾苗的水应该新鲜、干净；运输途中应尽量避免停车，必须停车时，应进行充气或搅动水体防止缺氧；到达暂养苗场的时间不宜太晚等，而且不同地区使用的具体方法也会略有区别，但只要着重注意上述几个方面，虾苗的成活率就会有很大的提高。

第三节　日常管理

一、育苗温度管控

● 1. 有效积温 ●

有效积温，是生物在某个生育期或全部生育期内有效温度的总和，即生物在某一段时间内日平均气温与生物学零度之差的总和。对甲壳动物的性腺发育而言，只有在某一环境温度以上，其性腺才能发育，在此温度之下性腺不发育，这个温度称为生物学零度，而把某一甲壳动物所处的环境温度与生物学零度相比较，对性腺发育起促进作用的温度叫有效温度。按天数计算，将某一甲壳动物的有效温度累加即为有效积温，甲壳动物的产卵行为取决于能否达到一定的有效积温，如南美白对虾只有当有效积温达到 320～380℃时，才开始产卵。这对于亲虾越冬培育是非常重要的。

● 2. 产卵适宜温度 ●

南美白对虾对虾在自然海区的产卵温度大致在 12～18℃之间，产卵期可持续 1 个月左右。人工育苗水温在 14℃以上和 20℃以下时，亲虾都可产卵，但高于 18℃亲虾易蜕皮。在对虾育苗中，亲虾产卵的适宜水温为 16～18℃。

● 3. 胚胎发育和幼体培育的温度 ●

水温不仅直接影响着对虾的胚胎和幼体的新陈代谢速度，

也决定着它们发育的快慢，而且对卵子孵化率和幼体成活率也有重要影响。无论是胚胎发育还是幼体发育，都有一个适宜温度范围。在此温度范围内，温度愈高幼体发育愈快。因此，许多育苗场为了早出苗，盲目地提高水温，这种拔苗助长的做法，对下一步的养成是不利的。研究证明高温培育的虾苗由于热消耗增加，培育出的幼体个体小、体质弱、在养成中易发病。因此，应提倡低温育苗，尤其是在产卵、孵卵及无节幼体阶段应切禁高温。在南美白对虾育苗过程中，各期与培育水的温度见表。

表 南美白对虾各期苗种培育水温

发育阶段	温度（℃）	天数（天）
无节幼体 1~6 期	26~27	1~2
溞状幼体 1 期	27~28	1~1.5
溞状幼体 2 期	27~28	1.5~2
溞状幼体 3 期	27~28	1.5~2
糠虾幼体 1 期	28~29	1~1.5
糠虾幼体 2 期	28~29	1.5~2
糠虾幼体 3 期	28~29	1.5~2
仔虾 1~5 期	27~29	3~5

二、育苗水质管理

● 1. 水质要求 ●

水质的好坏直接影响着对虾幼体的健康和变态发育，除对虾育苗开始时应对用水作处理外，在育苗过程中由于生物代谢及残饵腐败，不断污染着池内水质，这种污染可造成幼体发育不正常，甚至使幼体死亡。此外，许多病原生物的大量繁殖，以致引起疾病暴发，也都与水质有关。故保持池水的清洁是对虾育苗中重要工作。水质污染主要表现在总氮量的升高，溶解氧含量的下降以及 pH 值的变化。

氮在池水中是以硝酸氮、亚硝酸氮、离子态氨和非离子态氨几种形式存在的，其中非离子态氨是水生动物幼体培育中的一项毒害因子。非离子态氨在总氨氮中所占比例随水温和 pH 值的升高而增加，因此，在高温和高 pH 值的水体中氨的毒性增强，这是育苗中应注意的问题。对虾以溞状幼体、糠虾幼体对氨更为敏感，仔虾期以后耐受力增强。对虾育苗中要求氨氮在 0.6 毫克/升以下。

池水中的溶解氧除供对虾幼体呼吸需要外，还被池中其他生物及有机物所消耗，因此，溶解氧含量的多少也可间接反映池中水质的好坏。此外，幼体培育密度的大小，投饵量的多少，充气量的大小，都对溶解氧有一定的影响。育苗期间一般要求溶解氧含量不低于 5 毫克/升。

pH 值是养殖水体的一个综合指标，pH 值的高低不仅直接影响幼体的正常代谢，还关系到幼体的存活，因此在人工育苗中调节 pH 值的变化是控制水质的内容之一。池水中 pH 值直接与二氧化碳含量有关，当生物呼出的二氧化碳量增大，pH 值就降低；当池水中浮游植物大量繁殖，进行光合作用，大量消耗水中的二氧化碳时，pH 值就升高，此时可向池中加入一定量的碳酸氢钠来降低 pH 值。一般认为对虾育苗的 pH 值应控制在 8.2~8.6 范围内。

●2. 水质调控●

保护和改善水质的方法是换水、排污和充气。通常采取育苗初期添水，后期幼体活力增强后开始换水的方法。在产卵和孵化时只加 1/2～2/3 的池水，以后每日加入少量新鲜海水，至溞状幼体或糠虾幼体期，池水添满，每日换水 30%～50%。高密度育苗时，一开始应加满池水，以后日换水 50%～80%。换水时最好一边排水一边注水，以免短时间的大量注入新水而引起温度和水质的较大变化，对幼体产生不良影响。

在池子底部往往沉积着死卵、死的幼体和粪便及残饵等，这些物质较多时便会进行无氧分解（或厌氧分解），产生氨和硫化氢等有毒物质，容易导致病原生物的大量繁殖，败坏水质。我们可采用定期吸污或者进行倒池，并确定合理的幼体培育密度，科学投饵，增大充气量等技术措施，确保水质清净。

三、饵料管理

●1. 育苗常用饵料●

饵料是对虾幼体生长发育的物质基础，是幼体能否变态发育的重要条件。对虾的无节幼体阶段不摄食，靠卵黄供给营养进行生长发育，从溞状幼体开始摄食。目前在对虾育苗生产中大多采用人工饵料替代一部分或全部的鲜活饵料，这样可提高育苗效果，简化育苗程序，降低生产成本。

国内常用的饵料生物有小硅藻、三角褐指藻、角毛藻、扁藻、轮虫、桡足类幼体和卤虫无节幼体等。植物性饵料以角毛藻效果最好，动物性饵料以轮虫和卤虫无节幼体效果最好。人工饵料有豆浆、藻粉、酵母、鸡蛋黄、蛋糕、虾粉和微型饵料等。其中豆浆、藻粉和鸡蛋黄可作为溞状幼体的主要饵料；蛋糕、虾粉可代替轮虫和卤虫无节幼体作为糠虾幼体的主要饵料，仔虾期可投喂蛋糕，并随着摄食量的增加，投喂蛤肉、虾肉和卤虫成体等。

●2. 投喂技巧●

在对虾育苗过程中，投喂饵料时应注意以下几点。

（1）各种饵料。应根据日投饵分多次投喂，要量少次多，防止下沉和污染水质。

（2）随着幼体发育，应选择不同网目的筛绢搓饵，以满足不同发育阶段幼体的摄食要求。

（3）要实行多种饵料的搭配投喂。使不同饵料在营养成分上可以进行互补，以满足幼体生长发育的需要。

（4）投喂轮虫和卤虫无节幼体时。应进行消毒处理，防止将病原生物带入育苗池中，引起对虾疾病的发生。

（5）在对虾育苗中。应根据幼体的摄食情况，及时调整投饵量，以饵料略为过剩为原则，防止败坏水质，保证对虾育苗生产顺利进行。

四、充气的意义

充气是高密度育苗的必需条件，其积极意义在于：一是能够保证水体中充足的溶解氧含量；二是可以使池水对流而充分混合，以保证幼体和饲料的均匀分布；三是可以使幼体在上浮游动时减少能量的消耗，有利于其变态发育；四是水体对流可使加热升温均匀。

　　充气量的调节主要根据苗种各期大小、摄食能力强弱、饲料投喂多少等因素从幼体到仔虾逐渐增大，水面由微波状渐变为沸腾状。亲虾开始产卵时，池内通气量宜小不宜大，使水体表面呈现微波即可。这一阶段充气的目的在于使产出的卵粒均匀散开，防止卵粒因沉底而相互粘集成块，影响卵子孵化率。如果充气剧烈，振动过大，往往会影响卵子的正常发育；也可能造成卵膜破损，使内质外流，出现"溶卵"现象，此时水体表面上出现大量黏性絮状物，色泽橘黄或土黄色，镜检时还可见到已经支离破碎的卵细胞散落其间。卵粒溶化现象在对虾育苗过程中时有发生，只是由于这一现象出现后仍有少量卵粒残存下来，因而常被忽视。若是采用体积较大的大眼网箱产卵，亲虾产卵前后可适当增大一些充气量，但气石应放在网箱周围，这样既有利于保持网箱内的水质新鲜，也起到保护卵粒的作用。以后随着卵的孵化和幼体的发育，可使充气量逐渐增大，直至池水出现"沸腾"状态。

第五章 南美白对虾生态防病与抗生素替代品的运用

第一节 生态防病

一、生态防病原理

所谓生态防病就是利用生物生态学原理和方法，控制对虾机体所处的水环境，抑制各种病原体的繁殖和传播，有效地防止各种病害的发生。

生物生态学的观点认为，种间关系是极其复杂的，在特定环境中组成群落的生物，彼此间的关系有各种类型。一是种间竞争，即两个生态上较接近的种类具有共同食物、空间或水环境，二者具有拮抗作用，其结果是一个种完全排挤掉另一个种或生态分离，使二者达到平衡；二是宿生和寄生；三是捕食和被捕食。前两种关系就是我们所要考虑的生态防病因素。在对虾育苗过程中，危害幼体的各种病原大部分是通过水环境感染的。因此，我们在育苗的水环境中引入某种对幼体有益或无害的生物，但与病原生物存在着种间竞争；或者是加入某种药物，对幼体影响不大，而对病原生物杀伤力强，且失效快。通过这些手段来有效地控制育苗池中水体的生态环境，保证对虾育苗的顺利进行。

二、主要防病措施

南美白对虾疾病常常来势凶猛，其高死亡率令虾农措手不及。所以预防工作至关重要，从南美白对虾苗入池开始就不能够掉以轻心，在生产成本上增加少许投入，避免发病后的药品的使用，从而降低生产成本。让科学管理方式充分发挥优势，才能做到健康养殖、有效养殖、绿色养殖。

（1）必须做到彻底清塘消毒除害。

（2）坚持选购无特定病毒（SPF）南美白对虾的虾苗。

（3）因地制宜、科学放苗、合理控制放苗密度。

（4）投喂高效优质的配合饲料，强化营养，提高对虾抗病力和增强免疫力。

（5）保持良好水质，使用无污染和不带病毒的水源。

（6）经常进行水质监测，合理使用水质净化消毒剂和底质改良剂。

（7）为预防和抑制病毒，虾苗入池后应投喂优质营养饲料，增强虾苗免疫力和抗病毒力；在养殖期要适时投喂必需的添加剂药物，使对虾健康生长。

（8）在病毒病流行期，采取封闭式养殖，暂时不换水。半封闭式的养殖方式，建立水质测试系统，不符合养殖条件的水决不入池，少换水，水体要经过严格消毒后方可使用。

（9）发现对虾患病，切不可盲目乱用药物，应请科研人员或专家指导，以免延误时机。

（10）定期测量对虾生长速度，根据养殖情况确定生长标准，若 10 天内对虾生长缓慢，就可预知对虾将要发病。投喂饲料要少吃多餐，切勿投多，要保持虾池水质稳定。

（11）定期观测水质，保护虾池中对虾食物链，稳定对虾生态环境，尽量做到各池塘用品不混用。使用消毒剂定期消毒和经常泼洒光合细菌或微生物制剂。观察过的对虾不要再投入虾池内。检查人员必须进行手消毒后再观察其他虾池。

三、南美白对虾的生态防病

随着南美白对虾养殖业的迅猛发展，病害已成为制约养殖取得高产、高效的瓶颈问题。病害防治必须贯彻"预防为主，防重于治；无病先防，积极治疗"的方针，采取生态防治与药物治疗相结合的综合防治方法，才能取得较好的防治效果。

● 1. 育苗中的生态防病 ●

根据生态防病原理，在对虾育苗中可采取了以下 3 种生态防病措施。

（1）接种单胞藻。人们普遍接受的在无节幼体Ⅱ期向池内接种单胞藻，并施肥繁殖的方法。它既可以作为幼体的饵料，又能净化水质，增加水中的溶解氧含量；同时与致病的病原生物相互制约，形成平衡的微生态环境，从而有效地控制了水环境。

（2）接种光合细菌。光合细菌含有丰富的蛋白质、多种维生素和许多生物活性物质，营养丰富，个体小，可作为对虾幼体的饵料；同时还可控制细菌、真菌等病原生物的繁殖，起到预防病害的作用。因此可向池内接种光合细菌并施肥加以繁殖，使之起到生物拮抗作用。

（3）综合用药。目前在对虾育苗中普遍存在着滥用药物问题，使幼体出现各种难以诊断的疾病，如幼体不摄食，变态缓慢，成活率下降。同时还使幼体产生耐药性，严重影响了幼体自身的免疫系统，造成难以控制病害的现象。从生态防病原理出发，为了有效地控制水环境中病原生物的数量，避免各种疾病的发生，需要选择一些对病原体杀伤力强、失效快的药物，以减少对幼体的影响。使用这些药物要结合水环境和对虾幼体的具体情况，或与其他抗生素相配合。由于这些药物浓度对单胞藻无杀伤作用，因此，接种单胞藻与施用这些药物相配合是一种较为有效的生态防病措施。

● 2. 成虾养殖过程中的生态防病 ●

养殖成虾过程中，其生态防治综合技术包括下列几个方面内容。

（1）彻底清塘消毒。清塘消毒包括清除池底污泥和池塘消毒两个内容。一般老池塘每年都要清除池底过多的淤泥，只保留底泥 10~15 厘米即可。这是控制水产养殖过程中少生病的关键。清塘消毒有两种方法：一种方法是干法清塘，即按每亩鱼塘用生石灰 75~100 千克或漂白粉 3~4 千克加水溶解，在全池均匀泼洒；另一种方法是带水清塘，按每米水深每亩用生石灰 130~150 千克或漂白粉 12~15 千克溶化后全池泼洒。泼洒时要趁热、连渣带汁、到边到位。

（2）营造优良养殖水体环境。池塘消毒后接着就要进水，进水必须进行水体消毒，同时，池塘要保持适宜的水深和优良的水质及水色。在养殖的前期，因为南美白对虾个体较小，水温较低，池水要浅，有利于水温回升和饵料生物的生长繁殖。以后随着个体长大和水温上升，应逐渐加深池水，到夏秋高温季节虾池水深最好保持 1.2~1.5 米。水色以淡黄色、淡褐色、黄绿色为好，透明度 30~50 厘米为宜。在养殖过程中，一要定期用生石灰泼洒，以利改善环境，加速物质循环。也可用微生态制剂进行调节。二要定期换水。换水是保持优良水色的最好办法。三要及时增氧，增加整个池塘的溶氧量，可以加速池底物质循环，减少有毒物质的积累，使鱼类健康成长，增加抗病能力。

（3）注重科学放养。养殖中应放养健壮的种苗，并采取适宜的密度。放养的种苗应体色正常，健壮活泼。所有养殖的虾苗下池前用食盐水溶液进行浸体消毒。放养密度应根据池塘条件、水质和饵料状况、饲养管理技术水平等决定。

（4）合理投饵施肥。投饵过多就会造成水体污染，有毒物质积累，水环境恶化，使虾生病。可以通过设置饵料台，观察虾摄食情况，根据剩料多少来调整投喂量。饵料及其原料应新鲜、质优；绝对不能发霉变质。同时，要注意合理施肥。通过适度培肥，使浮游生物处于良好的生长状态，增加水体中的溶解氧和营养物质，从而培育出良好的水质。

（5）强化养殖管理。在对虾捕捞、搬运及日常饲养管理过程中应细心操作，不使对虾受伤，因为受伤的个体最容易感染细菌。每天至少到池塘上去巡查 1~2 次，以便及时发现可能引起疾病的各种不良环境因素，尽量采取改进措施，防患于未然。塘内的病、死虾要及早捞起，远离池塘深埋，以免病情蔓延或影响水质。

（6）适时药物预防。药物预防是严防病害的有效措施之一。虾在进池前，最好用浸浴方法杀灭病原再放养。在病害高发季节到来时，定期投喂药饵或全池泼洒药物也是有效的预防方法。药物防治时最好使用内服药，而外用药尤其是全池泼洒用药更应谨慎行事。应准确测量水体，用量到位有效。药物应在饲料中充分拌匀，以提高药效。

（7）生态混养。试验表明，生态混养能有效降低发病率。南美白对虾与鱼类、鳖等以一定比例配比混养与单一的对虾养殖模式比较，能充分利用生物间的互补性，通过食物链的相互促进，充分利用水体中的天然饵料、人工饲料。例如滤食性鱼类如鲢、鳙可以通过滤食获取有机碎屑、浮游藻类，底层杂食性鱼类如鲫等可清除池底有机物，减少养殖环境中的有机物，对改善虾池水体及底部环境有很大的作用，减少了各种疾病的诱因，营造健康的养殖环境。当养殖环境发生变化时，混养模式系统稳定性优于单养模式，遇到少量病害发生时，杂食性鱼类、鳖会捕食患病虾从而切断疾病传染源，控制疾病传播和扩散，抑制疾病暴发，提高养殖成功率。

第二节　抗生素替代品的运用

一、抗生素的危害

抗生素是指从细菌、放线菌、真菌等微生物培养而得到的某些产物或是用化学半合成法制造的相同或类似的物质，抗生素在低质量分数下对特异性微生物（包括细菌、立克次氏体、病毒、支原体、衣原体等）有抑制生长或杀灭作用。抗生素原称为抗菌素，由于它的作用超出单纯的抗菌范围，所以改称为抗生素，在水产养殖业中主要用于疾病防治、促进生长以及降低对某些营养成分的需求量等方面。虽然近年来也探索使用疫苗以及改善水质的有益微生物和营养性添加剂，但因质量和效果不稳定，尚未全面推广，更无法取代很多化学药物。

但是，使用渔用抗生素不当可能导致一系列副作用，有些甚至危及到人类的健康。在水产养殖中使用抗生素所带来的副作用具体表现在：

● 1. 耐药菌株的产生 ●

抗生素在生产上低剂量、长时间使用后，会出现药效减弱或完全无效的现象，导致细菌耐药菌株增加和耐药性增强，甚至向人类传播，致使人类用药无效，严重威胁人类健康乃至生命安全，科学界称之为"细菌复仇"。土霉素、金霉素等药物曾经是防治海水养殖弧菌病的较好药物，但是近年来它们在生产上却表现得无能为力，耐药菌株的产生使得用药量越来越大，药效越来越差，同时也对人类的公共卫生构成了威胁。

● 2. 在水产品中产生药物残留 ●

药物残留是指给动物用药后，药物的原形及其代谢可蓄积或储存在动物的细胞、组织或器官内。造成药物残留的主要原因有：

（1）不正确地使用药物，如给药剂量、给药途径、用药部位和用药种类等不符合规定，这些因素有可能延长药物在体内的存留时间。

（2）在饲料中长期低剂量添加抗生素。

（3）在休药期结束前将水产品上市等。这些都可导致抗生素在水产品内残留。

虽然水产品中抗生素的残留量很低，但对人体健康的潜在危害甚为严重，而且影响深远。其主要表现在：

（1）毒性损伤。水产品中的抗生素残留直接引起急性中毒事件发生，相对来说很少，但药物残留可通过食物链长期富集。

（2）变态反应或过敏反应。以往在水产养殖中经常使用的磺胺类、四环素类、喹诺酮类和某些氨基糖苷类抗生素很容易引起变态反应，当这些抗菌药物残留于水产品中进入人体后，就使得敏感个体致敏，产生抗体。当这些致敏个体再次接触这些抗生素时，则会引发变态反应或过敏反应。在临床上，轻者表现为有瘙痒的荨麻疹、恶心呕吐、腹痛腹泻，重者表现为血压剧烈下降，迅速引起过敏性休克，甚至死亡。

（3）"三致"作用。即致癌、致畸、致突变作用。以往在水产上常用的硝基呋喃类药物（如呋喃唑酮、呋喃西林），近来的研究认为，长期使用除了会对肝、肾造成损伤外，同时具有致癌作用和致畸、致突变效应。需要指出的是，抗生素使用后进入水生动物的血液循环，大多数会被排出体外，极少数则会残留。与抗生素疗效相似，可取得同样效果的替代产品还较少，抗生素在水产养殖上的使用仍有较大空间。为了充分发挥抗生素对水产疾病疗效的显著作用，同时更大程度地避免抗生素给人类和养殖业带来的不利影响，应科学、合理并慎重使用抗生素。

●3. 破坏了微生态平衡●

水是水生动物，包括许多有益微生物，如光合细菌、硝化细菌等赖以生存的环境。水生动物的肠道里也有大量的有益微生物，如乳酸杆菌和部分弧菌等。它们在维持水环境的稳定、水生动物的代谢平衡中起着关键性的作用，成为水产动物体内外微生态平衡中的重要组成部分。抗生素在抑制或杀灭病原微生物的同时，可能会抑制这些有益微生物，使水生动物体内外的微生态平衡被打破，导致微生态环境恶化或消化吸收障碍而引起新的疾病。

●4. 抑制免疫系统●

抗生素对免疫系统的作用主要表现为对吞噬细胞的抑制，一是直接影响吞噬细胞的功能；二是通过影响微生物而影响吞噬细胞对微生物的趋化、摄取和杀灭等功能。

因此，我们应加强其替代品的研发，逐步用无耐药性、无残留的替代品取代抗生素，以确保水产养殖业的可持续发展。

目前已经开发出的抗生素替代产品主要有：微生态制剂、小肽（寡肽）、大蒜素、中草药、酶制剂、多糖、有机酸、寡糖等。

二、微生态制剂

●1. 作用机理●

微生态制剂指对养殖动物本身或环境有益的微生物及其

相关产物。到目前为止，微生态制剂在水产养殖过程中的作用机理可以归纳为以下 7 个方面。

（1）提高宿主免疫力。主要表现在增加巨噬细胞活性；产生系统抗体（免疫血球素，干扰素）；增加肠道黏液表层自身抗体。

（2）产生抑菌物质。如类抗生素、类热稳定小肽、类热稳定多肽、类复杂细菌素（如脂类或碳水化合物）。

（3）竞争抑制病原菌。与病原菌竞争营养、空间位点以及 Fe（游离铁离子）。

（4）促进消化。通过自身分泌或者促进肠道菌群分泌各种消化酶类，提高养殖动物消化道酶活，促进饲料转化，提高饲料利用率。

（5）改善养殖环境。包括净化水质，消除底泥有机质积累等。

（6）通过与微藻相互作用间接抑制病原菌，提高饲料利用率。

（7）蛭弧菌作为一种特殊的微生态制剂在我国得到广泛应用，其控制有害弧菌的方式是通过寄生，进而裂解弧菌，降低环境中弧菌种群数量，从而减少其危害。

●2. 微生态制剂在应用中存在的基础性问题●

尽管微生态制剂在水产养殖中应用广泛，效果明显，但一些基础性研究仍显滞后。

（1）缺乏微生态制剂对养殖环境（水体、底泥等）、动物肠道、体表的微生物群落结构影响的研究。到目前为止，有关微生态制剂对养殖环境及动物肠道、体表微生态的调控研究较少，很多制剂在实际使用过程中有效，但机理很难说清楚，实际上是一个"黑箱"过程。

（2）缺乏微生态制剂与微藻相互作用的研究。在对虾养殖过程中，微藻的作用至关重要，所谓"养虾先养水，养水先养藻"实际上是一种对藻重要性的认识。微生态制剂应用后，必定与藻发生相互作用，但微生态制剂与藻之间是如何互动的？目前还不清楚。

（3）缺乏微生态制剂环境安全性方面的评估，短期来看似乎没有影响，但随着人们对食品安全、环境保护方面意识的提高，微生态制剂安全性评估将越来越重要。

● **3. 几种常用的微生态制剂**●

（1）光合细菌。光合细菌（Photosynthetic Bacteria，PSB）是一大类利用光作为能源物质的细菌的统称，分布在 5 个门中，分别为绿菌门（Chlorobi）、蓝细菌门（Cyanobacteria）、绿弯菌门（Chloroflexi，FilamentousAnoxygenic Phototrophs）、厚壁菌门（Firmicutes，Heliobacteria）和变形菌门（Proteobacteria，Purple Sulfur and Purple Non-sulfur Bacteria）。而通常我们说的光合细菌是指变形菌纲的紫色非硫细菌（又叫红螺细菌），常见种为沼泽红假单胞菌（*Rhodopseudomonas palustris*），胶质红假单胞菌（*Rubrivivax gelatinosa*），荚膜红细菌（*Rhodobacter capsulata*），类球红细菌（*R. spaheroides*），黄褐螺菌（*Phaeospirillum fulvum*）等。

光合细菌蛋白质含量高（> 65%），且 B 族维生素丰富，因此其可以作为水产养殖动物的饲料菌剂。另外，光合细菌可以在厌氧条件下利用有机质和硫化氢，因此，其也被广泛应用于污水及养殖水体的水质净化。

目前，光合细菌被广泛应用到对虾养殖过程中。在对虾育苗期，光合细菌被应用于提高虾苗的成活率、促进变态发育、净化育苗池水质，在对虾养成期，光合细菌被应用于净化水质、消除硫化物、提高对虾抗逆性以及控制病害。

光合细菌是一类含有光合色素，能进行光合作用但不释放氧气的原核生物，他可有效利用硫化氢、有机酸作为受氢体和碳源，利用铵盐、氨基酸、硝酸盐、尿素等作为氮源。所以，在养殖过程中施用光合细菌能有效吸收水体中的氨氮、亚硝酸盐、硫化氢等有害物质，减缓养殖水体富营养化，平衡浮游微藻藻相，调节水体 pH 值。光合细菌培养简单，用量大的养殖户可以自行保种培养，南方自培的光合细菌的种群一般为为红螺菌科红假单孢菌，培养分三级培养，即：锥形瓶→糖果缸→塑料薄膜袋。

光合细菌的使用注意点：

①只有在生存环境和污染物质符合其生理、生态特性时，才会发挥其作用，否则很难获得预期。例如在无光或者有氧环境下，光合细菌就很难发挥效果。

②光合细菌是以光为能源，在低氧条件下工作的菌群，利用光合作用分解有机物、氨、硫等物质，也能进行反硝化作用去除氨。

③光合细菌在水质 pH 值 8.2~8.6 的环境下发挥效果最佳，因此必要时应先泼洒适量生石灰乳。

④光合细菌在 23~29 ℃ 的范围内均能正常生长繁殖，当水温低于 23℃时，它们的生长逐渐停滞，因此低于 23℃使用

这类细菌效果较差。因此，低温及阴雨天不宜使用。

⑤光合细菌和硝化细菌完全是两类细菌，工作原理完全不同，而且生长环境要求相反，在同一环境下，光合细菌和硝化细菌也不可能共存，甚至互相抑制。

对虾养殖全程均可使用光合细菌菌剂，按每米用量为15~60千克/公顷，每7~15天使用1次。若水质恶化，变黑发臭时，可连续使用3天，待水色有所好转后每隔7~8天可再使用1次。但由于光合细菌不能利用淀粉、葡萄糖、脂肪、蛋白质等大分子有机物，因此在高位池养殖中后期施用效果相对较差，因而应改用芽孢杆菌及EM菌。

光合细菌营养丰富，也可拌料投喂，帮助对虾消化吸收，降低对虾粪便有机质含量。

（2）芽孢杆菌。目前，对虾养殖过程中常用的微生态制剂包括芽胞杆菌、乳酸菌、光合细菌、硝化细菌、蛭弧菌等，其中芽胞杆菌类应用最为广泛，种类也最多。

①芽孢杆菌作用机理：按其作用机理不同，可以粗分为5类。

一是改良水质。芽孢杆菌类微生态制剂通常能分泌大量的蛋白酶、淀粉酶类，其利用各种类型碳源能力都比较强，因此，在养殖过程中将其投放到水体或直接投放到底泥中可以加快水体有机质分解速度，从而有利于水质的改良。有学者通过试验发现，将芽胞杆菌和光合细菌为主的商业化微生态制剂直接投放到南美白对虾养殖池中，结果发现处理组溶氧（DO）明显升高，SRP、可溶性无机氮（Dissolved Inorganic Nitrogen，DIN）、化学需氧量（Chemical Oxygen Demand，

COD）均明显降低；同时，投菌组对虾饲料转化率由 1.35 降至 1.13，产量较对照组提高 64.8%。

二是提高饲料转化率。芽胞杆菌连同饲料一起饲喂对虾可以提高肠道消化酶活性，从而提高饲料利用率，实现增产。试验表明，将芽孢杆菌和光合细菌为主的商业化微生态制剂拌料饲喂对虾，拌料菌剂组较对照组，虾肠道蛋白酶、蛋白酶、脂肪酶和纤维素酶均显著提高。并且，在对虾生长的不同阶段使用芽孢杆菌，可以促进消化酶活、提高成活率及产量。

三是提高免疫力。提高对虾免疫力方面，枯草芽胞杆菌拌料饲喂对虾可以明显提高对虾免疫力和抗氧化能力，提高幼虾对盐度变化、温度变化以及高浓度 NO_2-N 的抗逆性，体内溶菌酶及酚氧化酶活性显著提高，从而减少疾病发生。

四是控制病原菌。病原菌的控制方面的研究一直是微生态制剂研究的热点，国内外相关研究报道都很多，这些报道从作用途径上可分为直接控制和间接控制两大类，直接控制包括微生态制剂对病原菌的直接竞争抑制和分泌抗菌物质的杀灭作用，间接控制是指通过调节对虾养殖水体、底泥及肠道微生态，从而实现对病原菌的控制，或者通过激发对虾自身免疫力来控制病原菌。目前的报道，绝大部分都可以归于直接控制这一类，因为其因果关系较为清晰，容易证明，关于通过激发自身免疫从而控制病菌的研究今年来也逐步增多，而通过微生态调控的间接控制方面，由于微生态系统的复杂性和因果关系难以轻易阐明，因此，基本处于推测阶段，缺乏证据充足的实例。

五是调控微藻种群。目前对虾养殖以露天养殖为主，在露天养殖模式中，藻类发挥多方面作用。藻类能利用水体中N、P营养，还能释放氧气，是水环境的重要稳定因素，但藻类过多过少都不利于水体稳定。

②芽孢杆菌使用特点及优点：一是当养殖水体底质环境恶化应尽快应用芽孢杆菌。二是在泼洒该菌的同时，须尽量同时开动增氧机，使其在水体繁殖迅速形成种群优势。三是使用芽孢杆菌前，必须进行活化措施。方法是加本池水和少量的红糖，浸泡 4~5 小时后即可泼洒，这样可最大程度提高芽孢杆菌的使用效率。四是芽孢杆菌可以产生多种消化酶。蛋白酶、淀粉酶和脂肪酶活性，同时还具有降解饲料中复杂碳水化合物的酶，如果胶酶、葡聚糖酶、纤维素酶等，这些酶能够破坏植物饲料细胞的细胞壁，促使细胞的营养物质释放出来，并能消除饲料中的抗营养因子，减少抗营养因子对动物消化利用的障碍。五是有机质分解力强。增殖的同时，会释出高活性的分解酵素，将难分解的大分子物质分解成可利用的小分子物质。六是使用后产生丰富的代谢生成物。合成多种有机酸、酶、生理活性等物质，及其他多种容易被利用的养分。七是抑菌、灭害力强。具有占据空间优势，抑制有害菌、病原菌等有害微生物的的生长繁殖。八是除臭。可以分解产生恶臭气体的有机物质、有机硫化物、有机氮等，大大改善场所的环境。

③枯草芽孢杆菌：目前，可利用的芽孢杆菌有：枯草芽孢杆菌、凝结芽孢杆菌、苏云金芽孢杆菌、地衣芽孢杆菌、蜡样芽孢杆菌、环状芽孢杆菌、巨大芽孢杆菌、东洋芽孢杆

菌、纳豆芽孢杆菌等。其中使用最广泛的当属枯草芽孢杆菌。枯草芽孢杆菌是一种短杆状、无荚膜能运动的革兰氏阳性细菌，严格好氧。枯草芽孢杆菌在使用中主要有以下几个特点和优势：

一是枯草芽孢杆菌菌体生长过程中产生的枯草菌素、多黏菌素、制霉菌素、短杆菌肽等活性物质，这些活性物质对致病菌或内源性感染的条件致病菌有明显的抑制作用；

二是枯草芽孢杆菌迅速消耗环境中的游离氧，造成肠道低氧，促进有益厌氧菌生长，并产生乳酸等有机酸类，降低肠道 pH 值，间接抑制其他致病菌生长；

三是刺激动物免疫器官的生长发育，激活 T、B 淋巴细胞，提高免疫球蛋白和抗体水平，增强细胞免疫和体液免疫功能，提高群体免疫力；

四是枯草芽孢杆菌菌体自身合成 α-淀粉酶、蛋白酶、脂肪酶、纤维素酶等酶类，在消化道中与动物体内的消化酶类一同发挥作用；

五是能合成维生素 B_1、维生素 B_2、维生素 B_6、烟酸等多种 B 族维生素，提高动物体内干扰素和巨噬细胞的活性；

六是枯草芽孢杆菌不仅在饲料中应该比较广泛，在污水处理及生物肥发酵或发酵床制作中应用也相当广泛，是一种多功能的微生物；

七是耐酸、耐盐、耐高温 及耐挤压，能耐受颗粒饲料加工，特别是菌体不受水产颗粒料加工的影响，这是其他很多微生物所不具备的条件；

八是在贮藏过程中以孢子（休眠体）形式存在，不消耗饲料的养分，不影响饲料品质。在肠道上段迅速复活，转变成具有新陈代谢作用的营养型细胞。用作水质改良时，能最大限度保存菌株性能；

九是复活后的孢子能产生大量的蛋白酶、淀粉酶、植酸酶和半纤维素水解酶等，补充养殖动物肠道内源酶的不足，提高饲料的利用率，从而促进动物生长；

十是增值代谢过程中，能产生抗弧菌和酵母菌的活性物质，对鱼类嗜水单胞菌、出血性败血病病菌、大黄鱼致病菌、中华绒螯蟹致病菌及金黄色葡萄球菌有强烈的抑制作用；

十一是能够分解碳系、氮系、磷系、硫系污染物，分解复杂多糖、蛋白质和水溶性有机物，改良水质。

④用量：芽孢杆菌的用量，在养殖前期"养水"时按每米用量为 15~45 千克/公顷，其后每隔 7~15 天追施 1 次，直到对虾养殖收获，每次追施的用量为 15~20 千克/公顷。使用时可将其芽孢杆菌与 0.3~1 倍的花生麸或红糖浆混合搅匀，添加 10~20 倍的池水浸泡增氧激活 4~5 小时，再全池泼洒，重污染区域多投。养殖中后期水体较肥时，可适当减少花生麸或红糖浆的用量。通常施用芽孢杆菌制剂后，正常情况下 3 天内不应该换水和使用消毒剂，若水质已到了必须使用消毒剂或换水的情况，则应在消毒或换水后 2~3 天，重新施加芽孢杆菌。

（3）硝化细菌。

①分类地位：硝化细菌是一种好氧细菌，能在有氧气的水中或砂砾中生长，并在氮循环水质净化过程中扮演着重要的角色。硝化细菌分为自养硝化细菌和异养硝化细菌，由于

异养硝化细菌通常硝化速率较低，研究和应用相对较少，目前，主要研究及应用均集中在自养硝化细菌方面。自养硝化细菌是由两大生理功能不同的细菌种群组成，一类可以将氨氮转化为亚硝酸盐，这类细菌称之为氨氧化细菌，一类可以将亚硝酸盐转化为硝酸盐，这类细菌统称为亚硝酸盐氧化细菌。近年来，氨氧化古菌被发现也具有将氨氮转化为亚硝酸盐的能力，并且该类型微生物广泛存在于各类水体，包括水产养殖体系，但该类型微生物仍处于实验室研究阶段，分离纯化困难，目前还未见应用到水产养殖过程中。

自养硝化细菌生长缓慢，分离、纯化、工业化发酵生产均较普通异养细菌制剂困难。由于硝化细菌是专一性转化氨氮和亚硝酸盐的微生物，因此，通常将其应用于消除水体中的氨氮和亚硝酸盐，改良水质。

硝化细菌包括形态互异类型的一种杆菌、球菌以及螺旋型细菌，包括两个完全不同代谢群：一是亚硝酸菌属（Nitrosomonas）：在水中生态系统中将氨消除（经氧化作用）并生成亚硝酸的细菌类；亚硝酸菌属细菌，一般被称为"氨的氧化者"，因其所维生的食物来源是氨，氨和氧化合所生成的化学能足以使其生存。二是硝酸菌属（Nitrobacter）：可将亚硝酸分子氧化再转化为硝酸分子的细菌类。硝酸菌属细菌，一般被称为"亚硝酸的氧化者"，因其所维生的食物来源是亚硝酸（但也不一定是亚硝酸，其他有机物亦有可能），它和氧化合可产生硝酸，所生成的化学能足以使其生存。因这些硝化细菌能将水中的有毒的化学物质（氨和亚硝酸）加以分解去除，故有净化水质的功能。

②习性：

一是高氧亚硝化细菌、硝化细菌都是好氧菌，充足的氧气对氮循环非常重要，从上面公式可以看出，亚硝化和硝化过程都需要氧的参与，硝化细菌才能把氨和亚硝酸作为"食物"为其提供能量。因此水中必须保持一定的溶氧量（2毫克/升以上），硝化细菌才能正常工作。在缺氧的情况下，硝化细菌就会休眠甚至死亡。

二是附着性硝化细菌属于附着性细菌。虽然水中也有游离的硝化菌存在，但硝化菌必须在附着物表面，才能很好的工作。在自然界中，硝化细菌广泛分布于土壤、岩石、砂砾中，利用这些作为附着物，进行着硝化和亚硝化作用。

三是繁殖慢硝化菌的生长和繁殖是极慢的，需要10至20多小时才能繁殖一代。实验表明，在硝化菌自然繁殖情况下，新建水族箱的硝化系统需要4~5周才能完全建立。在食物缺乏和恶劣的环境下，硝化细菌是可以休眠的，休眠期可达两年之久。

四是喜碱怕酸硝化细菌更偏向于在中性或弱碱性的环境里生长，适宜的pH值为6.5~8.2，在pH值低于6的酸性环境中生长受到抑制。

五是光照的影响光照对硝化细菌虽有一定影响，但硝化菌绝对不是见光死，在有光照的地方一样能够很好的生长繁殖。硝化细菌主要是对近紫外波段很敏感。

③使用注意点：

一是硝化细菌在水质中性、弱碱性的环境下发挥效果最佳，在酸性水质中发挥效果最差。

二是使用时不需要经过活化处理，不能用葡萄糖、红糖等来扩大培养，只需简单地用池水溶解泼洒即可。

三是硝化细菌繁殖速度慢，投放硝化细菌后，一般情况需4~5天才可见明显效果，因此将投放时间提前是解决这个矛盾的好方法。

四是硝化细菌不可与化学增氧剂如过碳酸钠或过氧钙同用，因为这些物质在水体中分解出的氧化性较强的氧原子，会杀死硝化细菌，所以先使用化学增氧剂1小时后，再使用硝化细菌。

五是养殖池塘的酸碱度及溶解氧与硝化细菌的使用效果有较大的关系。硝化细菌对pH的最适宜范围为7.8~8.2，溶氧只要不低于2毫克/升即可。

六是不能当做杀菌药物使用，并无净水的功效，不能分解大颗粒的杂质和藻类。

七是液态菌的优点是活菌，入水后可很快发挥功效，短期内明显改善水质；缺点是无法长时间保存。

八是干粉休眠硝化菌：将硝化菌液做成干粉，在干燥条件下硝化细菌会进入休眠，存活期可长达2年。这种干粉易于保存和运输，是近年来比较流行的硝化细菌制剂，缺点是因为处于休眠状态，入水后硝化细菌不会立即工作，而是要经过活化，3~5天才能开始生长繁殖，逐渐发挥作用，所以对于水质急剧恶化，需要立即改善的水体是不适用的。

九是很多硝化细菌标榜是"淡海水通用"，这个是不严谨的。

十是许多硝化细菌的包装上写着可以混入饲料，其实将硝化细菌混入饲料中投喂并无什么特别效果。因为硝化细菌是作为水质改良剂使用的，对鱼的饵料消化和营养吸收并没有很大作用。

（4）EM菌复合制剂。EM菌剂一般以芽孢杆菌、光合细菌及乳酸杆菌为主导菌，辅助有酵母菌、硝化菌等有益菌培养而成，能分解小分子有机物，平衡浮游微藻藻相，还可吸收养殖水体中的氨氮、亚硝酸盐、硫化氢等有害物质，具有明显净化水质的效果。同时，还具有抑制藻类过度繁殖，保持水色清爽、鲜活的功效。

对虾养殖中后期使用EM菌效果明显，用量一般每米为20~60千克/公顷，每7~15天使用1次。若遇到养殖水体藻类过度繁殖造成透明度低、水色较浓的情况，其使用量可适当加大至50~90千克/公顷。

EM菌复合制剂还可在饲料中添加1%~2%，能调节对虾胃肠功能，促进消化，有利于对虾生长和增强抗病力，减少对虾粪便有机质，为水体藻类过度繁殖减少营养来源。

使用前要将菌剂摇匀，以池水稀释后全池均匀泼洒。由于菌剂中有多种有益菌，各种细菌的生理特性存在一定的区别，会因储存环境及时间的变化而难以保证有益菌数，因此，尽量在菌种繁殖高峰期时使用，且开启后最好能一次性用完。现有部分厂家生产菌种销售，可用红糖及营养盐扩培后再用，扩培过程注意监测菌液pH值及菌落数量，这样既可节省成本，也可监测EM菌质量。

（5）乳酸菌。乳酸菌是一类能产乳酸、不能形成芽孢的革兰氏阳性菌的统称，常见种属包括链球菌属（*Streptococcus* spp.），明串珠菌属（*Leuconostoc* spp.），片球菌属（*Pediococcus* spp.），气球菌属（*Aerococcus* spp.），肠球菌属（*Enterococcus* spp.），漫游球菌属（*Vagococcus* spp.），乳杆菌属（*Lactobacillus*），肉食杆菌属（*Carnobacterium* spp.）等。

乳酸菌在对虾养殖中通常被用于拌料饲喂对虾，以促进消化以及提高对虾免疫力。另外，也有报道利用乳酸菌去除养殖水体中的亚硝酸盐。

（6）蛭弧菌。目前我国农业部批准可以应用的蛭弧菌为噬菌蛭弧菌（*Bdellovibrio bacteriovorus*，简称 Bd 菌）。蛭弧菌是一类能通过寄生裂解其他细菌的革兰氏阴性细菌。目前的研究表明，其偏好于裂解革兰氏阴性细菌，特别是弧菌属（*Vibrio* spp.）、沙门氏菌属（*Salmonella* spp.）、志贺菌属（*Shigella* spp.）。其体积比细菌小，单细胞，弧形、杆状或者逗点状，大小为（0.3~0.6）μm ×（0.8~1.2）μm，有单极鞭毛。该类型细菌分类地位为薄壁菌门，螺菌科，蛭弧菌属，该属有 4 个种，分别为：噬菌蛭弧菌（*Bd. bacteriovorus*），斯托普弧菌（Bd. *stolpii*）、斯塔尔蛭弧菌（Bd. *starrii*）和一种未命名的海水菌株。

在蛭弧菌的应用层面，中国目前处于世界领先水平，蛭弧菌在我国被广泛应用于对虾养殖以及其他水产动物养殖过程中。在对虾养殖领域，蛭弧菌主要被用于杀灭养殖水体中的弧菌、气单胞菌等潜在致病菌，以减少对虾病害，提高成活率。

（7）微生态制剂的局限性。微生态制剂在替代抗生素，调节水质，增强机体抵抗力的优势上比较显著，但在实际使用中仍有其局限性，主要为以下几点：

①多数微生物是以活菌体直接饲喂，生产、运输、储存中易失活。

②对于复合型菌剂，有的是厌氧菌，有的是好氧菌，在一起使用能否充分发挥作用还不能确定。

③有些其他饲料添加剂与之不能同时使用，例如抗生素和高铜离子对大多数益生菌有抑制活性作用。

④大多数菌不能通过消化道内的酸性环境，不能到达目的地——肠道；在池塘中使用，有多大比例的益生菌能长期生存或定值？

⑤在病原菌占绝对优势（疾病已经暴发或流行）时，益生素不能达到抗生素类药物的使用效果。

三、小肽（寡肽）

小肽（Peptides）是由 2 个以上的氨基酸彼此以肽键相互连接的化合物。近年来的研究发现，这些肽类物质可促进水产动物的摄食，强化氨基酸的吸收，提高蛋白质的利用和合成，增强水产动物的免疫力，提高其成活率；促进矿物质的吸收利用，减少畸形率；提高水产动物的饲料转化率和生产性能，是一种绿色饲料添加剂。

按小肽发挥的作用将之分为两大类：营养性小肽和功能性小肽。营养性小肽是指不具有特殊生理调节功能，只为蛋白质合成提供氮架的小肽；功能性小肽指能参与调节动物的某些生理活动或具有某些特殊作用的小肽，如抗菌肽、免疫肽、抗氧化肽、激素肽、表皮生长因子等。功能性小肽在无公害养殖、高品质产品养殖上的应用前景非常广阔，其环保价值可促进养殖事业的可持续发展。目前使用较多的为抗菌肽。

　　抗菌肽是一类具有抗菌活性的阳离子短肽的总称，也是生物体先天免疫系统的一个重要组分。目前已有将其基因转化酵母进行高效表达，再经发酵优化生产出抗菌肽酵母制剂。其主要作用特点有：

　　（1）对多种病原体（细菌、病毒、真菌、寄生虫），而对真核细胞不具细胞毒作用。

　　（2）生物学活性稳定，在高离子强度和酸碱环境中或100℃加热10分钟时，仍具有杀/抑菌作用。

　　（3）能与宿主体内某些阳离子蛋白、溶菌酶或抗生素协同作用，增强其抗菌效应。

　　（4）具有与抗生素不同的杀菌机制（菌细胞膜穿孔），不易产生抗菌肽耐药菌株。

　　（5）能与细胞脂多糖（LPS）结合，即具有中和内毒素的作用，因此对革兰氏阴性菌败血症和内毒素中毒性休克具有很好的防治作用。

　　（6）调节细胞因子表达：如采用转录基因阵列试验发现，某些抗菌肽，如 LL-37 具有免疫调节作用，可招募并增强吞噬细胞的杀菌作用，而降低由前炎症细胞因子引发的炎症反应。

　　由于抗菌肽分子量小，分离提纯困难，天然资源有限。化学合成与基因工程法是主要获得手段，但是在微生物中直接表达抗菌肽基因，可能对宿主产生毒害而不能合成足够量的表达产物。

四、大蒜素

大蒜素是从蒜的球形鳞茎中提取的挥发性油状物，是二烯丙基三硫化物、二烯丙基二硫化物以及甲基烯丙基二硫化物等的混合物，其中的三硫化物对病原微生物有较强的抑制和杀灭作用，二硫化物也有一定的抑菌和杀菌作用。同时，大蒜素具有诱食、促进机体消化、抗血小板聚集、抗氧化、防肿瘤、提高机体免疫力等功能。试验显示，大蒜素具有强烈的大蒜气味，对动物具有较强的诱食作用，特别是鱼类和肉禽类都非常喜欢大蒜素的气味，可以增加其摄食量。大蒜素可以提高细胞免疫、体液免疫和非特异性免疫的能力，对多种致病菌有明显的抑制和杀灭作用。

五、中草药

中草药具有毒副作用小，不易在产品中残留，不易产生耐药性等特点，近年来受到国内外饲料行业生产者和研究者的广泛重视。研究表明，中草药含有多种免疫活性物质，可促进水产动物的采食，增加其摄食量；降低饵料系数，提高增重率；防治鱼病，提高成活率；具有营养、激素样、维生素样作用，可替代部分矿物盐添加剂和维生素添加剂。

六、酶制剂

大多数酶类是以难消化的营养底物（抗营养因子）为目标，使饲料更大发挥其营养效果，这些酶统称消化降解酶，又可以分为两类：消化酶和降解酶。消化酶包括淀粉酶、蛋白酶、脂肪酶，动物体内可以产生；降解酶包括纤维素酶、β-葡聚糖酶、麦芽糖酶等。

虽然酶制剂本身对微生物没有太大影响，但是可以提高饲料的消化率，减少养分残留于消化道的量、缩短残留时间，间接减少病原菌生长的机会，从而起到抗病防病的效果。

酶制剂是使用最安全的一种饲料添加剂，加入饲料后，不但破坏了植物的细胞壁，补充机体内源酶的不足，激活内源酶的分泌，提高淀粉和蛋白质等营养物质的消化利用率，而且清除了饲料中的抗营养因子，降低消化道内食糜的黏度，减少了疾病的发生。在营养代谢方面，酶具有与抗生素促生长剂相同的作用，并将在这一方面逐步取代抗生素。

七、多糖

多糖能提高饲料的蛋白效率，降低饵料系数，促进生长；提高水产动物的免疫力，降低发病率，提高成活率。例如在中华鳖饲料中添加免疫多糖，就能提高中华鳖的免疫能力，可显著提高蛋白质的转化效率，降低饵料系数，增强中华鳖对营养物质的利用，有效地促进其生长。

八、有机酸

有机酸的种类主要有：柠檬酸、苹果酸、延胡索酸、乳酸、异位酸、乙酸、丙酸、甲酸等及其盐类，此外还有苹果酸、山梨酸和琥珀酸。有机酸具有良好的风味，能改善饲料的适口性，参与体内营养物质的代谢等而被广泛应用，但成本较高。

研究表明，一些短链脂肪酸及其盐类在畜禽日粮中的作用与促生长抗生素相似，能杀灭某些肠道内的致病菌如沙门氏菌、降低胃内容物 pH 值、提高动物生产性能。目前，柠檬酸、延胡索酸等已常用作酸化剂。

迄今为止，酸化剂在饲料行业中的应用还处于起步阶段，使用量和方法还有待规范。有机酸在饲料中添加要考虑与饲料的配伍，高蛋白质和盐类矿物质会对酸化剂有缓冲作用。

九、寡糖

也称低聚糖，是 2~10 个单糖以糖苷键连接的小聚合物总称。这类糖经口服进入动物机体肠道后，能促进有益菌增殖而抑制有害菌生长；通过结合、吸收外源性致病菌，充当免疫刺激的辅助因子，改善饲料转化率等提高机体的抵抗力和免疫力。目前，已用作饲料添加剂的有：低聚果糖、低聚乳糖、低聚木糖、低聚半乳糖、低聚异麦芽糖、甘露低聚糖、大豆低聚糖等。

寡糖是一类间接提高免疫力的物质，本身没有杀菌作用，只是为有益菌提供养分或者为病原菌提供标靶，只能辅助抗病、防病；同时寡糖类物质易吸潮，不利于储存或均匀添加；成本也比较高。

第一节　病害的发生及诊断

一、病害的发生

生活在地球上的各种动物难免发生病害。在人工管理的水环境系统中，养殖的对虾，由于人为的干预，例如养殖群体的密度、饲养管理操作、人工饲料（饵料）、病原生物、理化因子等，都有密切关系。因此，对虾疾病的发生是病原生物、环境条件、对虾本身的健康状况以及饲养管理技术互相作用的结果。

● 1. 病原生物 ●

病原生物又称为病原体，是指能致病的一些生物。常见的种类包括病毒、细菌、真菌、寄生虫和固着性原生动物等50多种。在这些病原体中，有些个体很小，必须借助显微镜或电子显微镜才能看见，称它们为微生物；有些个体较大，肉眼即可看见。但是，这些病原体能否感染或侵入虾体引起疾病，与其数量的多少和毒力（侵袭力）有关，毒力强的，少量侵入虾体后就可引起病害；毒力弱的则需要较大数量侵入虾体，才可能导致疾病。

● 2. 环境因素 ●

养殖水体中溶解氧、pH值、水温、盐度、有毒物质（氨氮、硫化氢、农药、重金属等）、光照、透明度和水色（浮游生物的种类和数量）等的变动，超越了对虾所能忍受的临界限度就能致病。

● 3. 虾体 ●

在对虾养殖生产的全过程，只有外界环境因素的作用，或仅有病原体的存在，并不能一定会使对虾生病，还要看对虾本身的健康状况或者说对虾对疾病的抵抗能力如何。如果，对虾对入侵的病原体具有不感受性，也就是说具有免疫力，对虾就不会发病；相反，在一定的环境条件下，如果对虾的抵抗力弱，对入侵的病原体有易感性，那么病原就可获得繁殖的场所，对虾就会生病。

● 4. 饲养管理 ●

饲养管理不当，操作不谨慎、不细心，对于对虾抗病力的强弱、虾池环境条件的变化、病原体的繁殖与传播等，都有很大的关系与影响。例如：虾池的清淤清毒，水的深度与排换水，放养的密度，饵料的质量与投喂量，日常操作管理，不适当或滥用药物，不经常进行水质、藻相、病害监测等，未能及时发现问题，延误了防治时机。都可能促使疾病的发生和蔓延。

二、病虾的一般特征

●1. 虾体的活力和游泳能力减弱●

健康无病的虾体通常栖息于养殖水体的中、下层或近于底部，一般不易看见；有时在池埂上可发现一些虾群，但运动活泼，游泳迅速，弹跳力强。病虾活动能力弱，游泳缓慢，在人为刺激时，反应迟钝，不逃避，有的在水面上打转或无定向地上下游动；有的匍伏或侧卧池边浅水处；有的习性异常，如白天不潜砂。

●2. 摄食量下降或停止吃食，生长缓慢●

健康无病的虾群，在投饲时可见活跃争食，半小时后取样查看，80%以上的虾体胃肠饱满，连续观察3~5天，可见长势良好，虾体健壮。病虾，在常规投饲下，仅见一些虾吃食，半小时以后取样观察，50%以上虾体空胃，池中出现残饵；非急性病，连续观察5~6天，虾体不见生长，日趋瘦弱，残饵也明显增加。

●3. 体色和鳃异常●

健康无病的虾，身体透明或半透明，特别是幼体和未成年虾，体色正常、鲜艳，体表无污物、藻类、原生动物等附着；透过两侧头胸甲，鳃干净清晰可见。患病对虾，体色灰暗，甲壳表面色素斑点增多，有的出现白斑、褐斑，甲壳溃疡；附肢残缺，触须断掉，有的附肢变红，肌肉白浊，虾体痉挛呈抽筋虾；鳃变黑，有的黄鳃或白鳃，鳃上附着污物或固着有原生动物、藻类等。

● 4. 死亡率上升 ●

在通常情况下，一个养殖虾池 3~5 天内死亡率应等于零；在其养殖生产过程中半个月或 10 天内，有个别虾体死亡，其群体的活动、摄食和体色、鳃等又无异常现象，可看成自然减员；但如果在 1~2 天内虾池出现 0.1% 以上的死亡率，则可能是病害的初始，应认真观察、详细查看。

三、诊断病虾的要点

● 1. 取样要有代表性 ●

首先供解剖和检查的病虾样品应能够代表一个虾池中患病的虾群；其次，应该是活鲜的或刚死不久（一般不超过 1 小时）的病虾，否则会因虾死过久，病原体离开虾体或死亡，从而无法鉴别。同时，有许多病状，在活的或刚死的虾体上是很明显的，死了过久的虾，其组织、器官腐烂变质，原来所表现的病状已无法辨别。这样，即使是进行了解剖检查，也难以作出明确的判断。

● 2. 解剖检查的虾数 ●

一个虾池一般 5~10 尾。捞取的病虾应是虾池中离群独游、活力差、浮于水面或侧卧池边浅水处的个体。对人工育苗期幼体的取样，可用烧杯，从育苗池充气水流翻滚处舀取一杯，或用虹吸法从池底吸取，待杯中水流静止后，用橡皮头玻管吸取行动不活泼沉底的幼体，进行整体水封片检查。

● **3. 检查时应先体外后体内** ●

对剪取下的组织器官要分别置于不同的玻皿上（或器皿）；体表、鳃用清洁海水，体内组织器官用生理盐水，防止干燥和病原生物模糊不清。解剖检查的顺序一般是：体表（包括附肢、眼球和甲壳下层）、鳃、血淋巴、肝胰腺、心脏、消化道、淋巴器官、肌肉、排泄器官、神经组织、性腺等。

● **4. 对解剖检查的虾体应做好记录** ●

记录的内容包括取样的地点、虾池编号、时间、病虾编号、体长、体重、外观和各器官组织的症状，目检和镜检的结果等。

● **5. 对可疑的病变组织或不能辨认的病原体要固定** ●

用4%的福尔马林、70%的酒精、戴维森氏固定液（95%乙醇330毫升、福尔马林220毫升、冰醋酸115毫升、蒸馏水335毫升均匀混合）等固定，以便继续进行显微组织技术观察和鉴定。

四、渔药的正确使用

● **1. 渔药种类** ●

目前水产养殖业使用的渔药按其功能可分为三大类。

（1）针对病原的药物。主要包括：抗菌药、抗菌毒药、抗寄生虫药（杀虫药）、抗真菌剂等。

（2）针对环境的药物。主要包括：环境消毒药、环境改良剂、微生态制剂等。

（3）针对鱼体的药物。主要包括：疫苗、免疫增强剂、

营养剂（多维及微量元素）

●**2. 渔药使用的基本原则**●

（1）正确诊断病因，合理选用药物（依据药敏试验）。

（2）对于不熟悉的外用药物先小范围试用。

（3）药物治疗宜早不宜迟。

（4）注意药物之间的配伍禁忌。

（5）必须强调综合治疗措施。

（6）同一类别的药物作用相近，而且会产生交叉耐药。

●**3. 渔药的一般使用方法**●

（1）口服法。

①优点操作方便、可杀体内病原，对鱼体应激小；

②缺点重病者无效、水体病原无效。投喂方法非常关键。

（2）全池泼洒法。优点是低浓度、长时间。

①所有个体都可以接收到药物，对鱼体应激小；

②缺点用药量大、危害水生生物、污染环境。如何泼洒均匀是关键。

（3）浸洗法。高药物、短时间。

①优点用药省、对水质危害少；

②缺点对水体病原无作用、操作稍繁、产生应激反应。

●**4. 药量的计算**●

口服药物的计算方法，剂量的表示方法：每千克鱼体重多少毫克（毫克/千克）。鱼的总重量需估算准确。

外用药物的计算方法，需要考虑水质的情况和水体深度。浓度表示方法：（ppm；mg/L；g 或 ml/m³ 水体）。水体体积需估算准确。外用药物的使用要比口服药物的使用更加小心。

第二节　南美白对虾的常见病害及其诊断与治疗

一、南美白对虾的主要病害

南美白对虾自引进我国以来，已成为我国水产养殖业的主导品种之一，养殖模式相应调整，放养密度相对较高。加之，近几年由于南美白对虾育苗在南方沿海地区发展迅速、规模大。虾苗良莠不齐、养殖技术滞后、防治措施不到位、盲目或滥用药物导致虾发病，甚至死亡。病害越来越频发，病害种类也越来越多。病害问题成为南美白对虾养殖技术必须攻克的一道难题。

南美白对虾的病害按病原种类划分，主要有细菌性疾病、病毒性疾病和寄生虫疾病等三大类：

● 1. 细菌性疾病 ●

细菌性疾病主要由嗜水气单胞菌等细菌感染引起。发病季节和发病期，可在饵料中按一定比例添加抗菌药物，杀灭虾体内病菌。定期投放微生物制剂如底泥改良剂、水体改良剂、光合细菌、硝化细菌等，促进有机质的分解，降解和消除有毒、有害物质，调节和稳定水质，保证良好的水质状况。

● 2. 病毒性疾病 ●

病毒性疾病目前尚未有有效的治疗药物，只能从提高机体免疫能力、定期消毒、调控和稳定水质等方面入手。从虾苗、水体等方面，通过 PCR 技术检测特定的一些病毒，确保从源头杜绝病毒进入养殖塘口。

● 3. 寄生虫疾病 ●

寄生虫疾病常见的有固着类纤毛虫。该病多发于养成中后期和温度较高的季节。由于投饵过量、有机物污染严重和饵料质量差，使南美白对虾营养不良、蜕壳慢，这样最容易发病。

二、细菌性疾病的诊断及治疗

● 1. 细菌性疾病的诊断 ●

在进行对虾疾病的检查和诊断时，首先要了解发病虾池的环境条件和饲养管理情况，在此基础上目前主要是采用目检虾体和镜检病原微生物的方法，对于一些疑难病症则常采用病原菌的分离培养、生物测定、血清学试验等手段。

（1）目检。病原体寄生在虾体后往往会呈现出一定的病理变化，有时症状很清楚，用肉眼直接观察就可诊断。例如对虾白黑斑病，病虾腹部每节甲壳的侧叶上对称地出现一个近于椭圆形的白斑或黑斑；有的是病原体较大，如寄生于鳃腔内的虾疣虫，肉眼可看清。

（2）镜检。对于没有明显病状的疾病，以及症状明显，但凭肉眼判断不出病原体的疾病需要借助于显微镜进行检查。镜检方法有两种。

①玻片压展法：用两片厚度 3~4 毫米，大小 6 厘米×12 厘米的玻片，先将要检查的器官或组织的一部分；或从体表刮下的黏液；或从肠管里取出的内含物等，放在其中的一片玻片上，滴加适量的清水或食盐水（体外器官或粘液用清水，体内器官、组织或内含物用 0.65%食盐水），用另一片玻片将它压成透明的薄层，即可放在解剖镜或低倍显微镜下检查。

②载玻片压展法：用小剪刀或镊子取出一小块组织或一小滴内含物置于载玻片上，滴加一小滴水或生理盐水，盖上盖玻片，轻轻的压平后，先在低倍显微镜下检查，发现寄生虫或可疑现象时，再用高倍显微镜仔细检查。

（3）病原菌分离。常用于细菌性疾病的诊断。首先选取具典型症状的病虾，经无菌水反复冲洗后，以 70%的酒精消毒，再用灭菌的接种针进行穿刺，然后将穿刺物接种于预先准备的培养基上。在 25℃下培养 24~48 小时，选取形态和色泽一致的优势菌落，重复划线分离培养以获纯种；有的经回归试验后，再分离培养，鉴定病原种类。

（4）生物测定。又称生物检（鉴）定。是利用对虾对某种病原易感性的特点来进行验证（如浸泡、创伤浸泡、口服、注射病原或病原制剂等），经一定时间后，出现相应的病状，据此可诊断为宿主对虾被感染疾病。

（5）血清学试验。利用免疫血清中所含的抗体，在体外与相应抗原所发生的特异性反应，如凝集反应、沉淀反应、补体结合反应等，以鉴定病原诊断疾病。

●2. 南美白对虾常见的细菌性疾病种类及其治疗措施●

（1）弧菌病。弧菌病称红腿病、败血病。

①病原：弧菌或气单胞菌属、副溶血弧菌、鳗弧菌及假单胞菌属中的一些种类。

②症状：附肢变红，特别是游泳足变红，鳃区呈黄色，肝胰腺和心脏颜色变浅，轮廓不清，甚至溃烂或萎缩。病虾一般在池边慢游，或离群独游，行动呆滞，重者倒伏池边。镜检血淋巴、血细胞减少，高倍镜下可见短杆状细菌。

③流行情况：对虾感染该病后 2~4 小时即开始死亡，死亡率可高达 90%。发病季节一般在 7—10 月，该病是南美白对虾养殖中危害较严重的细菌性疾病。

④现场诊断：病虾活动能力减弱、食欲减退、游泳肢变红、鳃变黄。当环境恶化时，游泳足可暂时变红，但条件改善后环境稳定、增加营养短时内可恢复。诊断时可将虾池中尚未死亡的虾，取血淋巴于玻片用高倍镜或油镜观察到短杆状细菌。

⑤防治措施：一是放苗前要彻底清塘消毒，淤泥要运到远离虾塘的地方。用生石灰每亩 150 千克或漂白粉有效率在 30% 以上每亩 30 千克消毒。二是下雨季节池水变酸，应经常泼洒石灰调节和消毒，每亩用 5~15 千克，要具体掌握。常检测水质。启动增氧机。三是池塘藻类多 pH 值高，可用二氧化氯消毒，每亩 0.2 毫克/升全池泼洒后，隔 3 天施放沸石粉，每亩 40~50 千克，启动增氧机。四是定期施放化能异养的微生物制剂和光合细菌。五是有条件的可进行虾池改造，池底铺设防渗透土工膜，可切断病原体。

（2）烂眼病。

①病原：为非 O1 群霍乱弧菌，菌体短杆状，弧形，单个存在，生长适温 35～37℃，盐度在 5‰～10‰生长快，pH 值 5～10 均能生长，适于低盐高温，咸淡水或微碱性的水域中繁殖生长。

②症状：一是病虾多伏于水草或池边水底，有时浮游水面旋动翻滚。二是患病初期，病虾眼球肿胀，逐渐由黑变褐，随即溃烂。三是病重眼球烂掉，剩下眼柄，细菌侵入血淋巴后，因肌肉变白而死亡。

③流行情况：发病季节为 7—10 月，以 8 月为多，感染率为 3%～5%，最高可达 90%，不进行清淤消毒、池底污浊的虾池为严重。

④诊断：肉眼观察病虾眼球溃疡即可诊断。

⑤防治：措施同弧菌病。

（3）黑鳃病。

①病原：为弧菌或其他细菌（如气单胞杆菌）。

②症状：病虾鳃丝呈灰色或黑色、肿胀、变脆，从边稍向基部坏死，溃烂，有的发生皱缩或蜕落，镜检有大量细菌。

③流行情况：发病季节为 7—9 月的高温期，通常在养殖环境较好时发病率低，在池底或水质污浊的老化池可常见此病。

④诊断：一是病虾浮游于水面，游动缓慢，反应迟钝，对鳃部变黑的虾可做出诊断。二是进一步诊断应区别由固着类纤毛虫或镰刀菌等引起的黑鳃。可从黑鳃处用镊子取少许组织制成水封片。在显微镜下观察，很容易见到固着纤毛虫

或镰刀菌的菌丝和分生孢子。如见到运动活泼的短杆菌，可诊断为黑鳃和烂鳃病。

⑤防治：措施同弧菌病。

（4）烂尾病。

①病原：多种细菌感染或嗜几丁质细菌感染。

②症状：尾扇溃烂、缺损或边缘变黑，部分尾扇末端肿胀、内含液体，严重时整个尾扇被腐蚀，还表现断须、断足，该病常有发现。

③防治措施：用沸石粉每亩 20 千克加虾蟹宝 0.5 千克全池泼洒。

（5）褐斑病。褐斑病又称甲壳溃疡病或称黑斑病。

①病原：弧菌属或气单胞菌属。在此种菌或单独或共同侵袭下，虾壳上溃蚀损害形成褐斑病。

②症状：病虾的体表甲壳和附肢上有黑褐色或黑色的斑点状溃疡。斑点的边缘较浅、稍白；中心部凹下，色稍深。病情严重者，溃疡达到甲壳下的软组织中，有的病虾甚至额剑（虾的额角剑突）、附肢、尾扇也烂断，断面呈黑色。虾在溃疡处的四周沉淀黑色素以抑制溃疡的迅速扩大，形成黑斑。致病菌可从伤口侵入虾体内，使虾感染死亡。

③防治措施：一是预防。疾病流行期间，每千克饲料内添加氟苯尼考 0.2 克制成药饵投喂，通常每月投喂 1~2 次，每次 5~7 天；此外每 10 天左右用 0.3 克/立方米的二氧化氯泼洒一次。二是治疗。每隔一天用 0.5 毫克/升的二氧化氯泼洒 1 次，连续 2 次；同时每千克饲料内添加氟苯尼考 0.5 克，连续投喂 5 天。

（6）丝状细菌病。

①病原：为毛霉亮发菌或硫丝菌，丝状细菌中的发状白丝菌是主要的病原。池水肥、有机质含量高是诱发丝状细菌大量繁殖的重要原因。

②症状：病虾鳃部的外观多呈黑色或棕褐色，头胸部附肢和游泳足色泽暗淡和似有旧棉絮状附着物。这是黏附于丝状细菌之间的食物残渣、水中污物或单胞藻、原生动物等，镜检可见鳃上或附肢上有成丛的丝状细菌附着。此病主要是妨碍对虾呼吸，在水中溶氧量较低时，虾会发生死亡，严重时直接影响对虾蜕壳。

③防治措施：一是养成中后期勿过量投饵，保持池水清新。二是用浓度 10 毫克/升的茶籽饼浸泡后全池泼洒，同时投喂富含动物胆固醇的饲料，以促进蜕壳，在蜕壳后适量换水。三是用浓度 2.5~5 毫克/升的高锰酸钾全池泼洒，4 小时后换水。

三、病毒性疾病的诊断及治疗

● 1. 病毒性疾病的诊断 ●

（1）目视观察法。目视观察法是通过了解养殖过程中对虾急性和慢性死亡的情况，结合濒死对虾是否具有如头胸甲出现白斑、甲壳变软易剥离、虾体发红等白斑综合症的典型症状进行判断。这种方法可在现场紧急情况下且没有其他诊断方法可以使用时应用，以便采取抢收措施，减少损失。

（2）电镜观察法。电镜观察法是最为直观的检测病毒性病原的方法，在电镜下可以直接观察到病毒的形态和大小，但电镜观察法具有操作复杂、需要严格的实验条件和较高超的实验技术、样品处理时间长等缺点，不能用于生产实践中病毒病的快速诊断以及大量检品的检测，仅适用于实验室研究。

（3）T-E 染色法。T-E 染色法是是黄倢等首创的一种可用于现场诊断对虾暴发性流行病害的方法。取对虾样品组织用 T-E 染色后，在光学显微镜下观察病变细胞。整个过程一般只需 10 分钟左右，具有快速、简单、方便等优点，非常适合于现场诊断对虾暴发性流行病，但这种方法需要操作者具有较丰富的实践经验。值得注意的是，由于某些病毒存在于正常虾体中使对虾终生带毒而不发生病毒病，因此检测到病毒也不能就一定推断成对虾发生了病毒病。

（4）核酸探针技术。核酸探针是指被某种物质标记从而可以被探测到的核酸片段，它能特异性地与待检测核酸样品中的特定 DNA 结合、杂交。核酸探针技术实质上是利用核酸杂交原理来检测对虾病毒，其中点杂交是常用的一种核酸探针杂交方法，也是用核酸探针诊断病毒病的首选方法。它具有快速、准确、灵敏、操作简单、不需要昂贵的实验设备，易于大量制备等优点。其缺点是灵敏度较 PCR 方法低。

（5）原位杂交技术。原位杂交是利用放射性或非放射性标记的已知序列 DNA 和 RNA 探针，在细胞或染色体上与其互补的核酸序列配对杂交，再经放射自显影或免疫荧光、化学发光，在杂交原位上显示杂交体的技术。

原位杂交技术是在石蜡组织切片上进行的核酸探针杂交

反应。其过程是首先按一般石蜡组织切片技术将对虾组织做成石蜡切片，然后在此组织切片上加入病毒的核酸探针，进行核酸杂交。经过显色反应后，在光学显微镜下检查对虾细胞被病毒感染的程度。原位杂交技术可以观察到病毒在对虾组织内感染的情况，并能对其感染过程进行推断，但操作复杂、实验周期长，只能作为一种实验室研究和诊断方法。

（6）聚合酶链式反应（PCR）技术。PCR技术检测WSSV，首先是提取样品中的病害DNA，然后加入特异性的引物，用PCR仪大量扩增病毒DNA片断，最后通过凝胶电泳检查扩增产物，以判断样品中是否有病毒存在。PCR方法具有高度灵敏的优点，但检测准确性略低，容易出现假阳性，操作繁琐，需要昂贵的PCR仪和凝胶电泳设备，且所用药品具有强烈的致癌性，有较强的危险性，因此一般仅适合于实验室使用。

●2. 南美白对虾常见病毒性疾病及其治疗●

（1）白斑综合症病毒病（图6-1、图6-2）。

①病原：是一种具有囊膜的无包液体（亚群杆状病毒），成团或分散于受侵害的细胞核或细胞质中，其侵犯的组织广泛，包括皮肤上皮、消化系统上皮、淋巴器官、触角腺、造血组织、鳃、血淋巴细胞、肌肉纤维质细胞等，可称为全身性感染。受感染的死亡率极高。

②症状：初期病虾厌食，离群，活力下降，行动迟缓，偶尔间断浮出水面，肠胃内无食物；中期病虾在池边独游或潜伏池底；头胸甲及腹甲容易揭开而不粘连，体表常附有黏物，甲壳内侧白点，特别是头胸甲剥离后可见有黑白相间的

不规则的斑点，有时变为淡黄色，严重者白点连成白斑，在显微镜下观察呈重瓣的花朵状。大部分病虾第二触角折断。发病后期典型的症状为体色稍变红或灰白，血淋巴浑浊，肝胰脏肿大、糜烂，呈现淡黄色或灰白色。

病灶在甲壳下上皮、结缔组织、造血组织等组织中，病理观察可见胞核肿大，核内 H-E 染色着色深且均匀，染色质与核仁消失。严重者核膜破裂，病毒粒子分散于细胞质中，细胞质混浊，细胞形态模糊不清；组织结构松散，呈现组织坏死状态。

③流行情况：该病主要发生在 6—8 月，传播迅速，蔓延广，1 月龄左右的幼虾易被感染，一般 3~10 天内大量死亡，死亡率可高达 80%~90%，是当前最常见的南美白对虾暴发性流行病之一。

主要传播途径为带病毒的食物，水中的病毒粒子亦可经鳃腔膜的微孔进入虾体，引起鳃及全身的病变。死亡的进程随着体长的增大而缩短，即大虾死亡要比小虾快得多。环境条件是诱发白斑综合症病毒病发生的主要因素。水温在 20~26℃时发病猖獗，为急性暴发。此外，天气闷热、连续阴天、暴雨、池中浮游藻类大量死亡、池塘底质恶化均可诱发本病暴发。如果种苗带病毒，随时可诱发，特别是在环境突变时，带病毒的虾会像突然暴发死亡。

④防治方法：对白斑综合症病毒病目前尚无有效的药物。根本措施是强化饲养管理，进行无公害健康养殖，开展全面综合预防。一是彻底清塘消毒，对种苗进行严格检测，杜绝病原从苗种带入；二是加强饲养管理，使用无污染和不带病

原的水源，投喂优质高效的配合饲料；三是保持虾池环境的相对稳定，不滥用药物；四是加强巡塘，经常开启增氧机，发现池水变化要及时调控，遇到疾病流行时要停止换水；五是科学投饲，少吃多餐；六是采取相应药物防治的办法，防止细菌性疾病、寄生虫疾病的发生。

（2）桃拉病毒病。

①病原：是直径31~32纳米的桃拉病毒，单链RNA，球状。靶器官为南美白对虾的甲壳上皮（附肢、鳃、胃、食道、后肠）、结缔组织等。

②症状：早期对虾群体常出现环游现象，虾体无明显改变，仅尾扇出现蓝色斑点或有少量微小的白色斑点。肉眼分不出肝脏和心脏，只能看出肝脏肿大或变淡红。病毒感染后2~3天食欲猛增，大触须变红，肌肉变浑浊。后期肝胰脏肿大，变白；红须、红尾，壳软，体色变茶红色，尤其是尾扇和胸甲变红，部分病虾甲壳与肌肉容易分离，头胸甲有白斑；大部分病虾肠道发红且肿胀，镜检发现红色素细胞扩张；病虾摄食减少或不摄食，消化道内无食物，病虾在水面缓慢游动，离水后即死亡，一般幼虾发病严重，死亡率高达80%。幸存者甲壳有黑斑，即虾壳角质有黑化病灶。

③流行情况：该病可发生于整个养殖期。带毒的亲虾和虾苗、水和水中的甲壳动物、水鸟粪便、冰冻虾（病毒可在体内存活1年以上）都可能是传播途径。

一般出现在虾苗放养后的10~40天期间，一旦发病可造成40%~90%的幼虾死亡。急性传播时，死亡率可高达60%~90%，死亡大多数发生在虾蜕皮期间或蜕皮后。该病特点是病程短，发病迅速，死亡率高，一般发现病虾至病虾不摄食仅5~7天，10天左右出现大规模死亡，在环境恶化时，死亡加剧。成虾感染此病多属慢性经过。

④防治方法。一是对进口的亲虾要严格进行检测，严禁购买走私虾苗和来历不明的亲虾。二是调整虾池水质平衡及稳定，pH值维持在8.0~8.8，氨氮0.5毫克/升以下，透明度维持在30~60厘米。三是每10~15天（特别是在进水换水后）应及时用溴氯海因0.5毫克/升或二溴海因0.2毫克/升全池泼洒消毒池水，通常在养殖30天后，即采用二溴海因0.3毫克/升全池泼洒，次日早上采用季铵盐络合碘0.4毫克/升全池泼洒消毒。四是在饲料中添加适当的添加剂。

（3）传染性皮下及造血组织坏死病。

①病原：病毒粒子球形，直径约20纳米，单股RNA病毒，在宿主细胞核内形成包涵体。该病毒感染外胚层组织，如鳃、表皮、前后肠上皮细胞、神经索和神经节，以及中胚层器官，如造血组织、触角腺、性腺、淋巴器官、结缔组织和横纹肌。

②症状：此病是南美白对虾常见的一种慢性病，病虾身体畸形，成虾的个体大小参差不齐，产生许多极小的虾，死亡率不高，但养不大。损失比虾死亡还大。因为病虾一直在吃饲料，同时浪费水电及人工等。如果及早发现，应当机立断及早处理掉。养殖业者可依据病虾的外观症状和行为、流行情况等特征做初步诊断或请专家加以鉴别。

③流行情况：该病主要危害对虾的仔虾期和幼虾期，该病的累计死亡率可高达90%。

④防治方法：一是彻底清塘消毒除害。二是对种苗进行严格检测，杜绝病原从种苗带入。三是放养无病毒感染的健康苗种，严格控制放养密度。四是使用无污染和不带病原的水源。五是投喂优质高效的配合饲料。六是保持虾池环境因素的稳定，千万不可滥用药物。七是虾池要有增氧设备，常用增氧机，并定时进行水质检测。八是加强巡塘，多观察，发现池水变色要及时调控，遇到流行病时，暂时封闭不换水。九是要科学投喂饲料少吃多餐。十是防止细菌、寄生虫等继发性疾病，或采取相应药物防治。

图 6-1 白斑综合征

图 6-2 白斑综合征头胸甲

四、寄生虫性疾病及其他类型疾病的诊断及治疗

● **1. 寄生虫性疾病** ●

固着类纤毛虫病。

①病原：为固着类纤毛虫（图6-3、图6-4），常见的有：聚缩虫、草缩虫、累枝虫、钟虫和鞘居虫等。

②症状：鳃区黑色，附肢、眼及体表全身各处呈灰黑色的绒毛状，取鳃丝或从体表附着物作浸片，在显微镜下观察，可见纤毛虫类附着。病虾浮游于水面，离群独游，反应迟钝，食欲不振、厌食，不能蜕皮，常因缺氧、呼吸困难而死亡。尤其在对虾养成中、后期，由于虾池底层含有大量有机碎屑、腐殖质，有的虾池因换水困难或因虾体感染细菌、病毒等原发性病原生物，而促使纤毛虫病原体大量繁殖并附着于虾体上。

③防治措施：一是保持底质清洁，经常去除氨氮、硫化氢等有毒物质，每亩每月需用20~50千克沸石粉泼洒全池。二是增加水体的氧气。三是用浓度10~15毫克/升的茶粕全池泼洒，促进对虾蜕皮，并大量换水。四是用浓度2~3毫克/升高锰酸钾全池泼洒，4小时后全池泼洒福尔马林，每立方米水体用25毫升。

● **2. 其他疾病** ●

（1）肌肉白蚀病。

①病原：温差变化大、水温过高、盐度过高或过低、水环境突变、溶氧过低、虾受惊扰可能诱发此病（图6-5）。

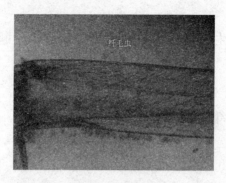

图6-3　纤毛虫

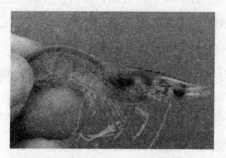

图6-4　感染纤毛虫后鳃丝发黑

②症状：病虾腹部肌肉变白不透明，有的病虾全身肌肉变得白浊；有的虾体全身呈痉挛状，两眼并拢，尾部向腹部弯曲，严重者尾部弯到头胸部之下，不能自行伸展恢复，伴有肌肉白而死亡。

③防治措施：放养密度合理，切勿过密，高温季节保持高水位，避免理化因子急剧变化，避免人为频繁惊扰虾池。

（2）软壳病。

①病原：长期饵料投喂不足，对虾呈饥饿状态；使用质

量低劣或变质的饲料。

②症状：病虾身体甲壳薄而软，有的对虾体瘦，壳与肌肉分开明显，活动缓慢，体色发暗，病虾迟钝、体弱、活力差，虾个体较小，甚至难蜕壳，有时勉强蜕壳后即死亡。

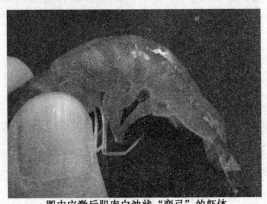

图中应激后肌肉白浊状"弯弓"的虾体

图6-5 肌肉白浊状

参考文献

包成荣 . 2013. 浅谈南美白对虾标准化池塘建设［J］. 上海农业科技（04）：65.

曹煜成，等 . 2014. 南美白对虾高效养殖与疾病防治技术［M］. 北京：化学工业出版社 .

常州市水产学会 . 2006. 名优水产品养殖实用新技术（下册）［M］. 南京：东南大学出版社 .

方杨建 . 2015. 南美白对虾病害防控技术［J］. 渔业致富指南（20）：49-50.

费忠智，等 . 2009. 淡水经济虾类健康养殖技术问答［M］. 北京：化学工业出版社 .

康保超 . 2014. 南美白对虾养殖效益和社会经济学分析［D］. 南京农业大学 .

雷景涛，张保彦，屈庆林，等 . 2015. 微山湖地区河蟹池套养南美白对虾高效养殖技术［J］. 科学养鱼（05）：28.

李色东，等 . 2009. 南美白对虾健康养殖技术［M］. 北京：化学工业出版社 .

李生 . 2013. 南美白对虾高效养成新技术与实例［M］. 北京：海洋出版社 .

马荣埭 . 2010. 淡水安全优质养殖 ［M］. 济南：山东科学技术出版社 .

农业部市场与经济信息司 . 2010. 无公害南美白对虾安全生产手册 ［M］. 北京：中国农业出版社 .

王吉桥，等 . 2003. 南美白对虾生物学研究与养殖 ［M］. 北京：海洋出版社 .

文国梁 . 2010. 南美白对虾高效健康养殖百问百答 ［M］. 北京：中国农业出版社 .

徐国方 . 2008. 南美白对虾仿生态养殖技术 ［M］. 上海：上海交通大学出版社 .

张伟权 . 1990. 世界重要养殖品种—南美白对虾生物学简介 ［J］. 海洋科学 (3)：69-73.

赵永锋，宋迁红 . 2014. 南美白对虾养殖概况及病害防控措施 ［J］. 科学养鱼 (07)：13-17+29.

赵永军 . 2006. 南美白对虾淡水养殖技术 ［M］. 郑州：中原农民出版社 .

周书军 . 2006. 农业新技术集锦 ［M］. 北京：中国农业科学技术出版社 .

邹叶茂 . 2002. 特种水产品养殖 ［M］. 北京：农业出版社 .

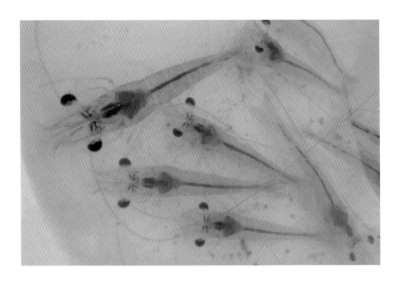

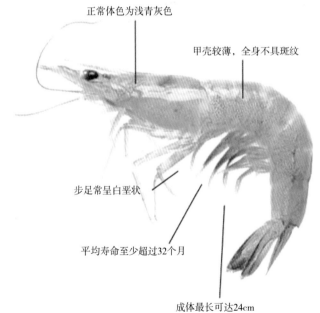

正常体色为浅青灰色

甲壳较薄，全身不具斑纹

步足常呈白垩状

平均寿命至少超过32个月

成体最长可达24cm

图 2-1　南美白对虾特征图

图 2-2 南美白对虾鳃示意图

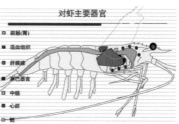

图 2-3 南美白对虾内部结构示意图

图 2-6 受精精荚
（摘自水产资料大全网）

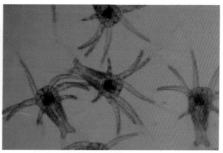

图 2-7 无节幼体

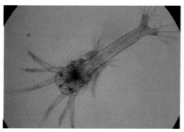

图 2-8 溞状幼体

图 3-1 对虾养殖高位地膜池

图 3-2　对虾养殖高位地膜池整体
　　　　效果

图 3-3　叶轮式增氧机

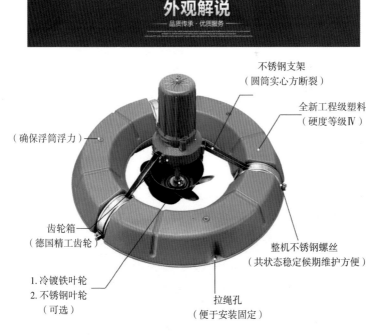

图 3-4　叶轮式增氧机

图3-5　水车式增氧机

图3-6　水车式增氧机

图3-8　微孔增氧系统实物图

图3-9　微孔增氧效果图

图3-10　排水系统

图3-11　池塘淤泥发黑，底质酸化

图 3-12　逆游较好的虾苗

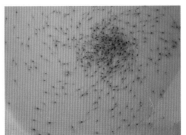

图 3-13　逆游较差的虾苗

图 3-14　投苗时浸泡适应温度

图 3-15　圈围对应盐度区逐步淡化

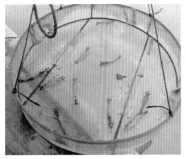

图 3-16　饵料台观察对虾摄食
　　　　生长情况

图 3-17　绿裸藻引起的水华

图 3-18 红裸藻引起的水华

图 3-19 甲藻引起的水发红

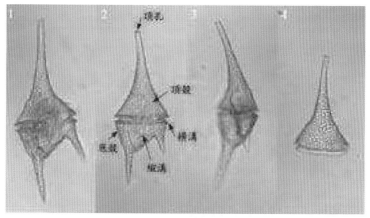

图 3-20 甲藻

图 3-21 绿藻水（好的水色）

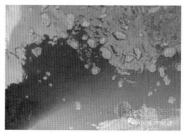

图 3-22 硅藻水（好的水色）

图 3-23　简易温棚

图 3-24　小温棚

图 3-25　水泥温棚

图 3-26 工厂化循环水大池养殖

图 3-27　工厂化循环水小池养殖

图 6-1　白斑综合征

图 6-2　白斑综合征头胸甲

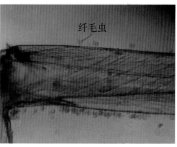

纤毛虫

图 6-3　纤毛虫

图 6-4　感染纤毛虫后鳃丝发黑

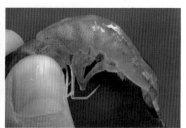

图 6-5　肌肉白浊